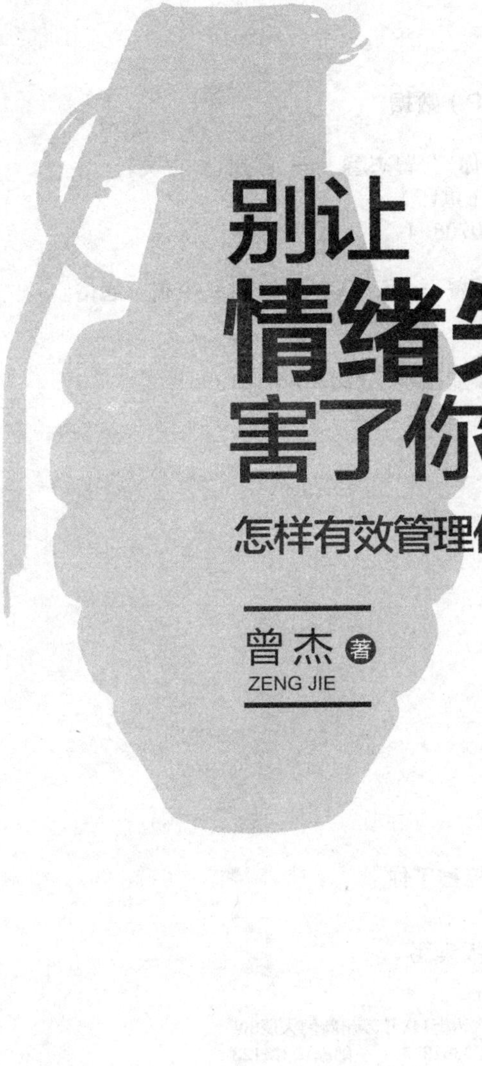

别让
情绪失控
害了你

怎样有效管理你的坏脾气

曾杰 著
ZENG JIE

苏州新闻出版集团
古吴轩出版社

图书在版编目（CIP）数据

别让情绪失控害了你 / 曾杰著. -- 苏州 ： 古吴轩出版社，2016.6（2023.6重印）
ISBN 978-7-5546-0708-4

Ⅰ. ①别… Ⅱ. ①曾… Ⅲ. ①情绪－自我控制－通俗读物 Ⅳ. ①B842.6-49

中国版本图书馆CIP数据核字(2016)第131996号

策　　划：花　火
责任编辑：蒋丽华
见习编辑：顾　熙
装帧设计：润和佳艺

书　　名：别让情绪失控害了你
著　　者：曾　杰
出版发行：苏州新闻出版集团
古吴轩出版社
地址：苏州市八达街118号苏州新闻大厦30F
电话：0512-65233679　　　邮编：215123
出 版 人：王乐飞
印　　刷：北京兴湘印务有限公司
开　　本：710×1000　　1/16
印　　张：14
版　　次：2016年6月第1版
印　　次：2023年6月第5次印刷
书　　号：ISBN 978-7-5546-0708-4
定　　价：35.00元

前言
PREFACE

有一天，楚庄王问大臣詹何：“怎样才能治理好国家呢？”

詹何说：“我只懂修身养性，不懂怎么治理国家。”

楚庄王说：“我是继承宗庙社稷的一国之君，希望学到让国家长治久安的办法。”

詹何说：“能保持良好的身心修养却反而造成国家动荡的案例，我没有听说过。自己心烦意乱却能把国家大事处理好的情况，我也没有听说过。修养自己的身心是根本，其余的都是末节。我不敢用末节来答复您的问题。”

楚庄王点头称是，赞叹不已。

正在翻阅这本书的你，也许不需要考虑治国安邦这么复杂的大事要事。但詹何这番言论，依然是一面很好的镜子。当我们处于心情很糟而大发脾气的状态下时，即使是一件鸡毛蒜皮的小事都未必能妥善处理。因为，由情绪失控产生的冲击波，能产生三个破坏效果。

第一，情绪失控能降低你的智商。你的思维能力会被坏情绪拉到正常水平以下，没法从正确的角度看问题，鬼使神差地做出许多错误的判断。

第二，情绪失控能降低你的情商。坏情绪能让你在一瞬间忘了平时是怎样与人友好相处的，会做出一些伤害他人感情却又不是你主观意愿的行为。几乎所有反目成仇的悲剧，都会出现某一方甚至双方因情绪失控而互相伤害的环节。

第三，情绪失控能提高你的失败率。很多事情本来是可以圆满结束的，谁知你一时被火气冲昏了头，亲手推倒了一直以来的努力成果。等到冷静下来后，才追悔莫及。

伤己伤人是最愚蠢的行为。而情绪失控是这种蠢行发生的第一大原因。能管理好自己脾气的人也可以把其他事情处理得很妥当。而那些放任负面情绪四溢的坏脾气者，再聪明也是白搭。正如詹何说的那样，修身养性才是提高自身做人层次的基础，其余的都是由这个基础延伸出来的细枝末节。坏情绪让我们心神不定，坏脾气让他人不敢靠近我们，最终让我们变成处处受阻的孤家寡人；而好修养能广结善缘，好脾气能取信于人，得到大家的信赖与支持，自然能无往不利。

人人都有小情绪，每天在喜怒哀乐中不断转换。情绪虽小，力量却大。情绪失控的破坏力大，但如果能有效控制情绪，未尝不能从中提取积极的力量。

管理好自己的情绪，说难也难，说容易倒也容易。管理情绪之难在于，人的生理结构与心理活动特征都很容易让情绪瞬间吞没理智。克制自己的坏脾气，从某种程度上来说，和挑战自己的人性本能属于同一难度系数的任务。但管理情绪之易在于，人类千百年来已经累积了丰富的情绪管理方法与技巧。无论遇到哪一种会让我们暴跳如雷的情境，都有不少古今中外的正面或反面案例供我们借鉴。

但无论怎样，想练成情绪收放自如的好脾气，都少不了要下一番苦功。对此，我们可以参考以下四点：

其一，正视负面情绪的客观存在。不将其视作唯恐避之不及的洪水猛兽，也不可将其看作不值一提的小问题。逃避现实无助于提高情绪管理能力。

其二，找出让自己情绪失控的根源。几乎所有的坏脾气都伴随着无力感、不安全感与自卑感等负面心理。让人脾气暴躁的直接原因也许千奇百怪，但深层原因往往类似。解决了这个根源，才能让人真正从坏脾气变成好脾气。

其三，学会与自己和解。在接纳自己的不完美的前提下，逐渐完善自己。情绪失控的人普遍不够善待自己，从而滋生了上面提到的几种让脾气变坏的负面心理。接纳完整的自己，也是改掉坏脾气的一个重要环节。

其四，勤做积极的心理暗示，并借鉴各种情境下的成功案例来一点点改善自己的言行。好脾气的人总是能用更和平友善的方式来处理情绪问题。想要改掉坏脾气，就要好好学习他们的生活智慧。

本书将结合不同类型的负面情绪，来解读各种情境下的坏脾气。通过反面的案例来揭示坏脾气的消极影响，通过正面的案例来提供管理情绪的成功经验。在此希望诸位亲爱的朋友，有朝一日能成为修养极佳的情绪掌控者。

目录
CONTENTS

第1章

ONE

你为什么变成一座情绪化的活火山

理性是人类的智慧之光，但大部分人很难保持理性，总是被自己多变的情绪牵着鼻子走。脾气不好的人，好比是一座活火山，随时都可能因为某些微不足道的事情而爆发。他们可能有着不错的能力，做事也非常努力，但就是不能控制好自己的情绪。结果，不少本来能处理好的事情，就被涌上头的负面情绪给搅乱了。

每个人都有自己的小情绪，但并不是每个人都会养成坏脾气。关键还是看个人控制情绪的能力如何。好脾气者能调整好情绪，而坏脾气者却总是情绪失控。坏脾气的养成，一方面与先天的性格有关，另一方面在很大程度上是因为外部环境的影响。急性子的人，爱焦虑的人，看问题悲观的人，太好面子的人，狂妄自负的人，都容易脾气暴躁。而那些本来性格温和的人，在外部压力过大时，也可能变成令你瞠目结舌的坏脾气者。尽管人的性格不容易改变，但坏脾气者还是可以通过不懈的努力把动辄爆发的活火山变成休眠火山。

同样的情绪，用错误的方式表达出来，就体现为坏脾气，用和善的方式表达出来，就是所谓的好脾气。坏脾气的根源是人们对自身力不从心的痛恨。所以想要避免自己变成情绪化的活火山，就得学会以妥善的方式来排解自己的负面情绪。人的情绪受到多种因素影响。当我们对相关因素有足够的了解时，就可以对症下药，想出管理情绪的办法，从情绪的奴隶变为情绪的主人。

我们的坏脾气是先天就有的吗

30秒自我定位

你认为自己的坏脾气是怎么来的？

A. 与生俱来的本性

B. 被家人惯出来的

C. 被他人气出来的

俗话说："江山易改，本性难移。"这句话给不少想养成好脾气的朋友泼了冷水。假如无论怎样努力都没法扭转本性，那么坏脾气难道就改变不了吗？

所幸的是，答案是否定的。告诉大家第一个好消息——这个世界上不仅有"本性难移"的案例，也同样存在"洗心革面"的案例。人并不是一成不变的。若有特殊的际遇或在特殊的环境下，那些平时处于弱势的次要性格成分就可能转变成主要性格成分。比如，一个"好好先生"在忍无可忍的情况下，会变成坏脾气者。又如，一个动辄发火放炮的性格暴躁者，经历了一次惨痛教训后，就变得慈眉善目。

《灌篮高手》里湘北高中篮球队教练安西光义，是个人称"白发佛"的和蔼大胖子。无论是被狂热的女追星族几次意外地推下楼而骨碌滚，还是被主人公玩弄自己那充满弹性的双下巴，抑或是看到自己的队员在赛场上梦游，都没有发脾气。要么是面无表情的淡定脸，要么“哈哈哈”地笑，给大家留下了和蔼可亲的印象。

实际上，安西教练当年根本就不是个慈祥的老爷子，而是动不动就朝着队员大吼大叫的魔鬼教练。他曾经以训练严苛著称于体育界，他最寄予厚望的弟子甚至为了逃避魔鬼训练而远走美国，最终客死异乡。这个悲剧是安西教练一生的痛，也正是这件事促使他洗心革面，从暴躁严厉的“白发魔”变成了修养极佳、不发脾气的“白发佛”。

也许你会说这只是文艺作品虚构出的角色，当不得真。但艺术源于生活，生活的复杂多样远比经过提炼的艺术作品更超乎人们的想象。历史上的确有人把自己多年来的坏脾气彻底改掉了。

美国一代石油大王约翰·D. 洛克菲勒，就差点被自己的坏脾气毁掉。他在53岁以前满脑子就只有赚钱，为此几乎放弃了一切休息和娱乐，还常常因此陷入焦虑不安的糟糕状态。

比如，有一回，他托运了价值4万美元的货物，这船要经过五大湖的航线。为了节省150美元的成本，洛克菲勒没有投保。有句俗话叫“怕什么来什么”，在当天晚上，一场暴风雨席卷了伊利湖，船上的货物面临严重损失的风险。

次日早上，合伙人加勒上班时看到洛克菲勒正在办公室里焦急地走来走去。洛克菲勒紧张得浑身发抖，对他说：“看看现在能不能马上到保险公司投保。假如不行的话，一切都太迟了！”于是加勒急匆匆赶去城内的保险公司，为那船货物办理了保险。

然而，加勒回到公司时，洛克菲勒的表情比之前更加沮丧了。因为刚才恰好来了一封电报，电报上说商船已把货物卸下，没有受到暴风雨的影响。这本来是好事，但已经是百万富翁的洛克菲勒心痛自己“浪费”了150

美元的投保费。他沮丧得没法继续工作，不得不回家躺下休息。

本来是一件可以松口气的小事，洛克菲勒却情绪失控到无力工作，可见他的情绪调节能力有多糟糕。

这种坏脾气严重摧残着洛克菲勒的身心健康。据传记作家约翰·温克勒回忆，洛克菲勒在53岁那年，身体差到没法吃正餐，只能靠少许饼干和酸牛奶充饥，模样简直跟木乃伊没什么两样。忍无可忍的医生逼着洛克菲勒在金钱与生命之间做出取舍，并为他定下了三条铁律。其中第一条就是“不为任何事烦恼”。

从此以后，洛克菲勒痛改前非，开始安心养病。他反思了过去的种种行为，改正了很多不良习惯，热心慈善事业。最重要的是，他不再为小事情烦恼焦躁，不再动不动就情绪失控，从坏脾气变成了好脾气。这个转变带来的最大收益是，洛克菲勒从死亡线边缘重新振作起来，寿命比大家预测的还多出了整整45年。

由此可见，坏脾气并不是完全没有救，关键是你肯下决心改正。接下来，我告诉大家第二个好消息——情绪是先天的，但坏脾气是后天的。

心理学家指出，任何行为都是情绪的结果，任何态度都是情绪的衍生品。无论你是态度友善的好脾气，还是态度恶劣的坏脾气，都脱离不了情绪的支配。

情绪的“情”，实际上反映了你与外部环境之间的利益关系。当你的心爱之物丢失时会感到悲伤，当你做一件事失败时会感到沮丧，当你的正当利益被他人无理抢夺时会感到愤怒，当你茫然不知所措时会感到抑郁……这些负面情绪反映的是你不同类型的利益受损所带来的痛苦。正面情绪的诞生源头也是如此，只不过它反映的是你利益增加的情况。

情绪的“绪”则体现了我们对“情”的体验程度。我们对利益关系的认知，在很大程度上会影响我们的情绪以及衍生行为。

美国社会心理学家利昂·费斯廷格认为："当人的行为与态度发生矛盾时，态度将改变，与行为保持一致。"比如，怨气就是我们因为没有得到自己想要的利益而产生的坏情绪，抱怨就是为了与这种坏情绪衍生的态度保持一致而引发的行为。比如，那则著名的"朝三暮四"的寓言，其实暗藏的就是这个原理。

尽管每只猴子每天分到的橡子总数都是七，但早餐和晚餐的食量有差异，所以具体需求就有微妙的不同。猴子不想在早上吃不饱，所以纷纷抱怨"朝三暮四"的方案。虽然"朝四暮三"方案的分配定额总量不变，但满足了猴子们想在早上就吃饱的利益诉求。猴子们对利益的认知发生了变化，以为对自己有利，所以转怒为喜。

从这个意义上说，我们虽然受先天的情绪支配，但也可以运用理性思考来调整情绪。其中关键是改变对利益关系的认识。因为情绪的本质是人对利益关系的认识。好情绪源于内心做出了获得福利的判断，坏情绪源于内心做出了利益受损的判断。也就是说，不改变对利益关系的判断，就不可能真正改变情绪。

在生活中，我们经常能遇到某人转怒为喜的情况。这个情绪转变的过程，就是认识转变的过程。

汉文帝时期有位良臣叫直不疑，他为人正直宽厚，生得一副好脾气。他做郎官的时候，有位同住一个宿舍的郎官休假回乡，不小心把另一位郎官的金子错拿了。金子的主人发现自己的钱不见了，误以为是直不疑拿的，暴跳如雷地向他讨要。直不疑没替自己辩解，而是给失主同样多的金子。数日后，那位休假的郎官归来，把错拿的金子还给了失主。丢金子的郎官意识到自己错怪直不疑了，向他连连道歉。但直不疑对此没有任何怨言。时人称赞他为人厚道，汉文帝也因此提拔了他。

自己被冤枉了，谁心里都不会痛快。直不疑当然也会产生不悦的情绪。但不悦归不悦，他并没因此说出怨言或做出针锋相对的报复行动。因为直不疑信奉清静无为的黄老学说，故而总是以荣辱不惊的态度来看待个人得失。他相信事情总有一天会水落石出，急于辩解只会越描越黑，而与人冲突结怨是得不偿失，所以坚决不用乱发脾气的办法来处理情绪问题。

由此可见，好脾气与其说是天生的本性，不如说是后天努力锻炼出来的好修养。

我们无法切断先天的情绪产生机制，但完全可以通过后天的学习与进修，树立对人情世故的正确认识。坏脾气的人往往是以狭隘的眼光看待利害问题，而好脾气的人则能眼界开阔。安西教练与洛克菲勒从人人忌惮的坏脾气变成人人亲近的好脾气，说到底是因为自己的世界观发生了根本改变，从而不再让负面情绪主宰自己的心灵与理智。

也许你天生性格急躁，喜欢焦虑，容易变得歇斯底里，但只要下决心按照正确的方法来重塑自己，还是有希望克服先天的性格弱点，养出令自己都感到惊喜的好脾气。

3分钟自我调节

1. 不要轻信“本性难移”的经验之谈，关键是自己要下决心养成好脾气。
2. 情绪源于对利益关系的直觉反应，可以通过改变价值观来调整情绪。
3. 学会以开阔的眼界看问题，脾气才能越变越好。
4. 天生性格温和友善的人，也不能忽视对自身修养的提高。
5. 天生性格急躁易怒的人，也不要放弃努力。

一切坏脾气都是无力感与无助感的化身

30秒自我定位

以下哪种情况最让你感到难过？

A. 心有余而力不足的时候

B. 清楚症结所在但投鼠忌器的时候

C. 明知不可为而为之的时候

在顺境之中，人性中的种种美好都能得到充分体现。然而，人在逆境之中会暴露出各种各样的缺点，甚至会出现平时隐藏得很深的恶性。逆境可以让一个人从温和的“好好先生”变成火爆的“炮筒子”。因为，我们在逆境中很容易被无力感与无助感所吞没。而这恰恰是引发情绪失控，让人心态失衡的根源。

孔夫子到七十岁时才修炼到“从心所欲，不逾矩”的境界。在很多时候，他也有烦恼。

有一天，孔子在家里闲坐。子贡进来时看到老师愁容满面，但不敢直接问原因，于是出来把这事告诉了颜回。颜回就边弹琴边唱歌，孔子听到后果然把他叫进屋里。

孔子问：“回，你为何独自快乐？”

颜回反问："夫子又为何独自忧愁？"

孔子说："我先听听你的说法。"

颜回说："老师曾经说，做人应该乐于顺应自然，知晓命运规律，于是就不会再有忧愁。这便是我独自快乐的原因。"

谁知孔子听了这话不但没有感到欣慰，表情反而变得凄然。他想了想说："这是我以前的观点，请以我今天的观点为准。你只知道乐于顺天应命而没有忧愁的一面，却不知乐于顺天应命依然有很多忧愁的另一面。修身养性，听从命运安排的贫富贵贱，明白生死不由自己做主的道理，从而不让心神被外界的事物所扰乱。这就是你所说的乐于顺天应命而没有忧愁的一面。此前我整理《诗》《书》，修订《礼》《乐》，准备凭借《诗》《书》《礼》《乐》来安定天下，泽被万世，而不仅仅是提高个人修养与治理好鲁国就心满意足了。但是，鲁君与群臣越来越不顾礼法，仁德在一天天衰败，人心也日益刻薄。我的学说如今在一个国家都还行不通，又怎能确保对全天下与后世子孙产生积极影响呢？我现在才想明白，《诗》《书》《礼》《乐》对于平定乱世没有什么用处，却又想不出改良的办法。这是令乐于顺天应命的人感到忧愁的事情。尽管如此，我还是想通了一些道理。我们所说的乐于顺天应命并不是古人说的顺天应命。没有刻意地寻求快乐，没有刻意地探求真知，才是真正的乐与真正的知。故而没有不快乐的事，没有不知道的事，没有不忧愁的事，没有不能做的事。《诗》《书》《礼》《乐》又丧失了什么呢？又何必改革它呢？"

颜回听完老师的感慨后，朝着北面拱手作揖道："学生也明白了。"他出来后，把孔子这番话告诉了子贡。子贡一脸茫然，回家废寝忘食地沉思了整整七天，以至于变得骨瘦如柴。颜回闻讯后又去开导他，这才让子贡回到孔子门下。从此以后，子贡一生也没停止弹琴唱歌与诵读诗书。

颜回安慰孔子要顺天应命，也就是俗话说的"做人开心就好，不要想太多”。但孔子指出，这只是生活的一面，并不能解决真正的烦恼。

实际上，孔子的忧愁来源于对自家学说对社会的功效产生了质疑。多年来，他致力于恢复西周的《诗》《书》《礼》《乐》，以结束天下纷争的乱象。奈何天不遂人愿，孔子的学说脱离了社会发展需求，所以世人只尊重其学问而不肯真正推行其主张。这让孔子感到非常挫败，心中充满了无力感与无助感。

不过后来，孔子也想通了。他原先是把《诗》《书》《礼》《乐》当成了治世的工具，所以遇到工具失灵的问题时就愁眉苦脸，快乐不起来。而经过这事以后，孔子不再费心去考虑怎样改良自己那不合时宜的学说，而是以更纯粹的求知心来看待《诗》《书》《礼》《乐》知识，不再将其视为工具。这个观念转变后，孔子心中的纠结就消失了。他再也不为自己无法平定天下而烦恼。弹琴唱歌就是弹琴唱歌，诵读诗书就是诵读诗书，不让这些爱好背负过于沉重的意义，也不刻意追求形式上的快乐。放下了执念后，一切都顺其自然，反而令长期以来的凝重心情真正放了个假。

当我们的力量不足以解决问题时，就会感到无力与无助，容易出现情绪失控的状况。

坏脾气的人正是因为事事不顺心，所以越来越烦躁，最终也破罐子破摔，以逃避自己无力解决问题的现实。不过，如果能找出办法克服负面情绪，坏脾气的人也许能一改过往缺失，刷新自己。

唐朝时益州有两个亲兄弟，因家事纠纷而积怨深重。当地官府多年来一直没法断清这桩兄弟相争的积案。韩思彦奉朝廷之命巡查益州时得知此事，决定亲自出手调解。

这一天，两兄弟又在公堂上争讼。韩思彦却下令让厨师端上一杯牛奶，要求兄弟二人面对面喝下。兄弟俩喝奶的时候，不约而同地想起了二人都是吃同一个母亲的奶水长大的，顿时明白了韩思彦的良苦用心。二人抱头痛哭，多年的积怨也烟消云散，当场撤诉，和好如初。他们感激地对韩思彦说：“我们兄弟是边远地区的粗鄙之人，不懂得兄友弟恭的大义。感谢大人用兄弟共乳的办法让我们真正意识到了手足之情的可贵。”就这样，韩思彦只用了一杯奶就解决了一桩数年未解的争执。

人是会变的。这个变化既包括成长，也包括退步。当一个人无力摆脱困境时，就会产生坏情绪。如果一直这样下去，就会对自己完全丧失信心，沦为除了坏脾气什么都不剩的自暴自弃者。反之，若能不断提高自己的能力，找出攻克难关的办法，就能摆脱坏脾气的控制。

英国军事家蒙哥马利元帅的母亲是个脾气暴躁的人，对他非常不好。有一回，蒙哥马利不小心打破了母亲很喜欢的一个金鱼缸。他母亲冷冷地说：“伯纳德，你将来什么也做不成，做不来。”

开朗顽皮的少年蒙哥马利被母亲这句诅咒震惊了，从此变成了一个谨小慎微的人。但所幸的是，他并不相信自己注定碌碌无为，而是通过不懈的努力成长为二战名将。

他晚年回忆道：“我可以说我的童年是不幸的，这种不幸完全来自我的母亲，在她眼里，我什么也做不成。可是，我的母亲只说对了一半，我童年吝啬的母爱所带来的世人对我的嘲笑、蔑视的刺激，使我拥有了坚韧不拔的意志和天赋的智慧，否则我不会成为后来的蒙哥马利。”

蒙哥马利临危受命，出任英国第八集团军司令。在此之前，英军屡屡被绰号“沙漠之狐”的德军名将隆美尔击败，士气极其低落。蒙哥马利一到任就大刀阔斧地整顿军队，把第八集团军重新塑造成了敢打敢拼的精锐之师。与此同时，他还精心布置了周密的作战计划，在阿拉曼战役中战胜了不可一世的隆美尔。

有趣的是，在阿拉曼战役刚打响的时候，隆美尔指挥军队在半夜袭击英军阵地。英军官兵们都对老对手严阵以待，非常紧张。第八集团军参谋长德·甘冈急忙把这个消息汇报给正在睡觉的蒙哥马利。谁知蒙哥马利只淡淡地说了一句："好极了，不能再好了。"就倒头又睡。他那超常稳定的心理素质，让英军官兵相信自己的司令官是胸有成竹的，于是按照事前部署勇敢作战，最终成功击退了从未战胜过的老对手。

蒙哥马利的故事，与我们看过的无数热血励志片差不多是一个套路。

主人公为自己的弱小无力而感到羞愤伤心，从而踏上了曲折的自强之路，不断提高自己的实力，摆脱有心无力的心理阴影。之前在遇到重大挫折时，主人公会悲观失意，会大发脾气，与队友们产生裂痕。好在主人公最终选择振作起来，在众人的帮助下，领悟人生真理，突破自己的瓶颈。从此以后，不但性格比过往更加完善，前途也云开雾散，一片光明。

所以说，这个世界上所有的坏脾气，都源于无力感与无助感。当你胸有成竹的时候，精神总是高涨的，不会烦躁难安；当你游刃有余的时候，心态总是平和的，不会发火失态。从这个意义上说，改掉坏脾气的实质就是克服你心中的无力感与无助感。

3分钟自我调节

1. 不要为自己的无能为力而焦躁，成长是一个欲速则不达的过程。
2. 当心有余而力不足时，该做的不是责备自己，而是锤炼自己。
3. 知耻而后勇永远比破罐子破摔更有意义。
4. 做好充分的准备才能胸有成竹，轻松自若。
5. 把心中的无力感与无助感当成自己奋斗的动力。

情绪失控的恶性循环

30秒自我定位

情绪失控曾经给你带来了哪些恶果？

A. 在众人面前出丑

B. 把本该做好的事情弄砸了

C. 亲朋好友疏远了我

这个世界上有很多悲剧的发生都与情绪失控有关。有句老话叫作“飓风起于青萍之末”，意思是大问题往往源于某些微不足道的小问题。比如，失控的情绪可能像一缕青烟，不一会儿就散了，也可能刮起大家眼中的“不测风云”。

在楚汉相争的关键时刻，韩信与彭越都站在了汉军一方，帮助汉高帝刘邦消灭了西楚霸王项羽。韩信被刘邦封为楚王，彭越被封为梁王，是西汉开国元勋中为数不多的异姓诸侯王。然而，到达人生的顶点后，俩人很快开始走下坡路。

刘邦憎恨项羽的旧部下钟离眛。钟离眛在项羽败亡后投靠了老朋友韩信。刘邦闻讯后用陈平之计，假借想出巡云梦泽的名义召集诸侯联军包围了韩信的封地楚国。韩信自认为无罪，但不知该如何是好，有人献计让他杀死钟离眛以向刘邦表示忠诚。韩信拿不定主意，就把这话告诉了钟离眛。钟离眛愤而自杀，韩信带着他的首级去觐见刘邦时被逮捕。刘邦剥夺了韩信的王爵，将他贬为淮阴侯。

在被贬为淮阴侯之后，韩信经常称病不出。他心里闷闷不乐，对此事满腹怨恨。有一回，他去拜访自己的老部下、西汉开国元勋之一的樊哙。樊哙态度非常恭敬，还尊称他为“大王”（按照对待诸侯王的礼仪）。但韩信出门后却笑道：“没想到，我这辈子竟会与樊哙这样的人同列。”

这种牢骚不断的表现，使得刘邦对他越来越猜忌。汉高祖十年，刘邦去平定叛乱，韩信称病没有跟随大军出征。他想杀死一位得罪了自己的家臣。谁知那家臣的弟弟上书吕后说韩信要谋反。于是，吕后逼着萧何用计将韩信引入长乐宫杀死。

韩信其实没什么野心。他只是小时候穷怕了，很怕失去好不容易得到的富贵。再加上刘邦把他由诸侯王贬为侯爵，他心理不平衡，所以才做出那么多招人怀疑的举动，最终也惹祸上身。

彭越的情况与韩信大同小异。刘邦御驾亲征去平定代地的陈豨叛军。汉军到达邯郸时，刘邦要求梁王彭越出兵。彭越推说自己有病，只是派出部将带着军队去邯郸。刘邦对此很不高兴，派使者责备他。彭越感到十分害怕，想亲自去邯郸谢罪。他的部下扈辄劝他不如趁此机会造反。彭越没采纳这个意见，仍旧称病。

就在这时，梁国的太仆叛逃到刘邦那里，控告梁王彭越与扈辄图谋不轨。刘邦派人出其不意地逮捕了彭越，将其囚禁在洛阳。经过审讯后，办案官员认为梁王彭越谋反罪成立。刘邦念其曾经立下大功，赦免彭越为庶民，流放到蜀地。彭越在流放途中恰好遇到了从长安前往洛阳的吕后。他痛哭流涕地向吕后辩白自己没有谋反之意，请求回到故乡昌邑。吕后便带着他一起赶往洛阳。然而，吕后并不是真的想救他，反而一面劝刘邦杀掉彭越，一面指使彭越的门客诬告他再次谋逆。廷尉也请求诛灭彭越家族。于是刘邦杀了彭越并灭其家族。

这个悲剧的导火索就是梁国太仆诬告梁王彭越。太仆之所以这么做，是因为彭越对他很不满意，想杀掉他。所以太仆为了自保就恶人先告状。

汉高祖刘邦在后人眼中是个大杀功臣的皇帝。但实际上，他更多的是把矛头对准异姓诸侯王。他对许多老部下都有猜忌，但大多数人还是能得到善终。韩信与彭越并没有妥善处理与刘邦的矛盾，积极澄清误会。相反，韩信怨气很大，甚至把樊哙等对他非常尊敬的老部下都推向了自己的对立面。而彭越因为担心被刘邦算计而总是表现得很消极，又因为情绪失控逼反了自己的部下，导致事情变得越来越不可收拾。

假如他们能把得失看淡一些，不让自己变成怨气冲天的坏脾气者，也许未必会落得个不得善终的下场。最起码也可以回归布衣平民的生活，而不至于丧命。

情绪失控带来的恶果就有可能这样惨痛。在部分人眼中，情绪失控也就是胡乱发泄一通脾气而已，不会引发什么大乱子。正是这种麻痹大意的心态，才导致那些不擅长控制情绪的坏脾气者屡屡酿成本可以避免的悲剧。所以说，人无论处于低位还是高位，都不能不注意情绪管理问题。当你拥有的权限越大，能调动的资源越多时，你的一念之差不光会影响自己的人生，甚至可能让许多人的命运因此而发生改变。

斩断情绪失控带来的恶性循环，最关键的就是在第一时间克制住几乎冲昏头脑的情绪，然后努力让自己冷静下来，而不是不计后果地释放自己的负面情绪。发泄脾气只能爽快一时，并不能真正解决问题。恰恰相反，只有竭力控制好情绪，冷静处理让自己感到不舒服的问题根源，才能让自己没有后顾之忧，心情更加舒畅。

初唐杰出的军事家——卫国公李靖，是个出将入相的雄才。他一生为大唐东征西讨，战功卓著，叱咤风云，是一个沉静、明大体的人。用现在的话说就是，李靖的智商与情商都高得超标。他既因为才能与功劳而被朝野敬仰，也因此被不少人嫉恨。好在李靖有韩信克敌制胜的军事才能，而没有韩信那爱发牢骚的坏脾气。

李靖一举消灭了差点让刚建立不久的大唐陷入灭顶之灾的东突厥汗国，俘虏了东突厥首领颉利可汗。这次胜利让太上皇李渊与唐太宗李世民都十分高兴。然而，御史大夫萧瑀却弹劾李靖治军无方，纵兵掠抢颉利可汗牙帐里的奇珍异宝，请求唐太宗依法查办大功臣李靖。

唐太宗对此事的处置颇为微妙。他拒绝了萧瑀查办李靖的弹劾，但又把李靖叫来狠狠地骂了一顿。李靖也不辩解，只是连连叩头谢罪。

班师回朝后不但没得到奖励，还挨了一顿臭骂。在某些朝代，有些脾气暴躁的将军还真就因此反叛了，但李靖没做这种傻事。也许，他心里不乏委屈，但并没有情绪失控而暴跳如雷，而是明智地选择了不辩解。

过了一段时间，唐太宗对李靖说："从前隋朝的将军史万岁战胜了西突厥的达头可汗，然而隋朝却没有奖励有功之臣，所以导致了灭亡之祸。我就不干这种蠢事。我决定赦免你治军无方的罪过，奖赏你平定东突厥的功勋。"于是李靖被加封为左光禄大夫，赐绢千匹，封邑增加到了五百户。

没过多久，唐太宗对李靖说："过去有人污蔑你，如今我已查明了真相，希望你千万别再把这事放在心上了。"又赏赐了两千匹绢给李靖，擢升他为尚书右仆射，这是唐朝最高的官阶。

其实，李靖本来没有犯错，纯粹是被找茬。唐太宗也心知肚明，故意要权术敲打李靖。而李靖情商高，当然也清楚皇上的意图，所以非常顾全大局。

后来，年过花甲的李靖主动请求远征让大唐头痛不已的吐谷浑。在李靖的出色指挥与唐军将士的奋力追击下，骚扰边疆的吐谷浑被彻底平定。

利州刺史高甑生因为没有按约定时间到达指定地点，贻误了军机，遭到了李靖的斥责。高甑生因此心生怨恨，串通他人诬告李靖谋反。这一回，唐太宗没有斥责李靖，而是派人查明真相，严厉处罚了诬告功臣的高甑生，还李靖一个清白。

相对于韩信、彭越的悲剧，得以善终的李靖有许多值得我们学习的地方。就实而论，韩、彭二人也是人中龙凤。他们拥有的东西比普通人多，需要注意的地方也更多。奈何他们的情商只是普通人水准，很难以平常心面对起落沉浮。从牢骚满腹开始，一步一步让自己陷入了进退维谷的困境。李靖则以出色的情绪管理能力，打消了唐太宗的疑虑。尽管自己开始受了点委屈，但这种大度的姿态，最终换来了更多的利益。

由此可见，情绪失控会导致恶性循环，而管理好情绪就有可能让事情进入良性循环的节奏。何去何从，全在于我们的一念之差。

3分钟自我调节

1. 感到情绪快要失控时，马上进行自我暗示，让自己忍住脾气。
2. 意识到自己来脾气时，少说话，不要动手，以免火上浇油。
3. 把让你情绪失控的事情暂时搁置到一边，抽走刺激情绪的源头。
4. 反复在心中告诫自己，情绪失控会带来恶性循环，而那并不是你想要的结果。

坏脾气源于错误的情绪表达方式

30秒自我定位

你通常用怎样的方式来表达情绪？

A. 冲人发脾气

B. 独自生闷气

C. 用运动、游戏、歌舞等方式排解情绪

有些朋友以为想要改掉自己的坏脾气，就得从根本上消除情绪。这其实是个误解。因为情绪谁都有，就像食欲一样没法彻底消失。把情绪当成敌人是大错特错，你真正的敌人并非情绪本身，而是情绪的表达方式。

当我们遇到不顺心的事情时，免不了会产生焦虑、愤慨、恐惧、悲伤、忧愁、郁郁寡欢之类的负面情绪。只有把问题克服之后，才能让心头的阴霾散去，重见阳光。但这个过程可能很顺利也可能很曲折，可能很短暂也说不定漫长到超乎想象。所以，大家能否在此期间管理好自己的情绪，是一个因人而异的问题。

赵国的廉颇与蔺相如冰释前嫌的故事，可谓妇孺皆知。其实，在我国古代类似的案例数不胜数。

东汉光武帝时期，将军贾复在汝南驻军，他的部将在颍川杀了人，被颍川太守寇恂依法处置。当时天下未定，法纪混乱，许多州郡官府对犯法的士兵都睁一只眼闭一只眼。寇恂依法斩杀有罪士兵的情况比较少见，所以贾复闻讯后震怒，认为寇恂是故意找自己的麻烦。俩人因此结下了梁子。

没过多久，贾复奉命带部队开赴洛阳，路上要经过颍川。贾复在出发前对众人说："我与寇恂同为将军，我的部下却被他陷害处决。大丈夫哪有心里有恨而不去报仇的？倘若我再见到寇恂，一定要杀了他。"

贾复在东汉云台二十八将中排名第三，寇恂则排名第五。两个人都是东汉开国的大功臣，要是为此兵戎相见，恐怕会闹出很大的乱子。贾复发誓说与寇恂势不两立，但寇恂却不愿意与他发生冲突。

按照礼节，军队路过时，太守应该迎接大军。贾复想趁这个机会杀掉寇恂。谁知寇恂还没与贾复见面就称病回府了。寇恂干脆不再与贾复见面，并且下令优待贾复麾下的官兵，伙食比平时多供应一份。贾复本来想派兵攻打太守府，但士兵们进入颍川郡以来一直酒足饭饱，没有战意。寇恂用心良苦，处处忍让贾复的挑衅，以寻求和解。他的部下很生气，都觉得自己的长官太委屈。寇恂却不以为然，反而以将相和的典故劝说众人。

这件事不久后就传到了光武帝刘秀耳中。当时刘秀还在努力一统天下，不希望部下发生内讧，于是亲自出面调解此事。他在宴席上对贾复说："天下未定，两虎安得私斗？"在刘秀晓以大义之后，贾复也放下私怨，与寇恂冰释前嫌。

在这则案例中，贾复与寇恂的情绪表达方式形成了鲜明对比。贾复不反思自己对部下约束不严的错误，反而恼羞成怒，想与对方兵刃相见。寇恂依法处决犯杀人罪的士兵，于情于理于法都挑不出问题。他面对贾复的无理挑衅，完全可以义正词严地针锋相对，然而为了汉室大局着想，他选择了忍让。寇恂不仅克制自己的愤怒情绪，也努力化解部下的愤怒情绪。

在这点上，贾复的臭脾气被甩开了几条大街。

寇恂的脾气明显好于贾复，他并不是害怕贾复，只是舍弃了恼羞成怒这一情绪表达方式罢了。要做到这点，相当于和自己的本能做斗争。

上海公安民警心理训练长聘专职教官明芢警官指出："'情绪动力模型'认为，情绪的产生是自动化的，产生的原因与个体的利益息息相关，而基于语言的理智只不过是情绪驱动的附属心理活动而已。行为，从本质上讲是情绪活动的结果。"

按照这种观点，情绪是由于个体利益而自动产生的，我们的行为实际上都是情绪活动引发的。至于大家常说的用来克制情绪的"理智"，只是被情绪驱动的心理活动。人们的核心情绪可能是相似的，但由这个情绪驱动的心理活动与具体行为则大相径庭。与此同时，两个人做出同样的行为时，也可能是由不同的情绪驱动的。

比如，战国思想家韩非子曾经说过："狂者东走，逐者亦东走，东走则同，所以东走则异。溺者入水，拯之者亦入水，入水则同，所以入水者则异。"意思是说，发狂的人往东跑，追逐的人也往东跑。他们往东跑的行为相同，但行为动机相异。溺水者掉进水里，救人者也进入水中。两个人都在水中，但入水的原因截然不同。

总之，无论是情绪化的人还是理智的人，都会因为个体利益因素而产生情绪。至于产生什么样的负面情绪，选择怎样的情绪表达方式，却是千差万别的。

在上述案例中，贾复因部下被依法处死而利益受损，恼羞成怒是他自动产生的情绪。假如是光武帝刘秀处死贾复的部下，他不会暴跳如雷，可能只会感到恐惧或悲伤。因为光武帝处于绝对强者地位，两者的力量不对等。寇恂与贾复平级，双方的力量大体相等，贾复有能力报复对方，所以他的负面情绪不是恐惧或悲伤，而是愤怒。

同样，寇恂的部下对此愤愤不平，也是因为双方的力量相当。假如贾复的职位高于寇恂，或者带领的兵马足以踏平整个颍川郡，寇恂的部下产生的将是恐惧情绪。

通常来说，当彼此力量对等时，愤怒是最容易产生的负面情绪。当对方强于自已时，容易产生恐惧的情绪。当被强者剥夺了利益而无法挽回时，会产生悲伤的负面情绪。当你的力量远远强于对方时，也许会报之以轻蔑的态度。

寇恂忍辱负重的大肚量，并不是真的害怕贾复。同等量级的对手放话说要杀自己，谁听了都会产生愤怒情绪。但善于控制脾气的人，会设法淡化这股愤怒情绪。最常用的办法就是以“假设的恐惧”来代替愤怒。

蔺相如忍让廉颇，是因为害怕将相失和招致敌国入侵的灾难。寇恂对贾复百般忍让，并非完全没有脾气，而是担心小不忍则乱大谋。坏脾气的人一时泄愤心情爽，到头来却要自食其果，为收拾自己一手造成的烂摊子而疲于奔命。寇恂害怕这个预想中的最坏结果，故而能忍下一时之气，坚持以大局为重。

遗憾的是，贾复不是廉颇，不懂得自我反省。直到刘秀亲自劝说，才意识到问题的严重性，与寇恂重归于好。不善于管理情绪的人，经常会出现这种情绪失控而不计后果的情况。他们不笨也不傻，只是负面情绪的驱动力太强，解不开心里的疙瘩，无力选择其他更缓和的情绪表达方式。

有个小故事说的是，一位老者在穷的时候一生气就绕着房子跑三圈，后来发达了还是用这个办法控制脾气。其实，这正是一种巧妙的情绪表达方式。

在生活中，有的人生气时会脸色铁青不说话，有的则是脸红脖子粗地破口大骂，有的砸锅摔碗，有的用被子盖住头大睡一觉，有的去餐馆胡吃海喝，有的就像故事中的老者一样做剧烈运动。你看，同样是愤怒，但情绪表达方式五花八门。坏脾气的人往往会采用刺伤他人的方式来宣泄负面情绪，而好脾气的人则会采用不误伤无辜的方式来缓解精神压力。

从这个意义上讲，所有的坏脾气都源于错误的情绪表达方式。想让自己修炼成永不发怒的人，是一种不切实际的空想。什么事都能包容，什么时候都笑眯眯的布袋和尚，只是传说中的神话人物。我们应该正视负面情绪的客观存在，正视情绪的产生是与个体切身利益相关的。只有坦然面对，才能选择妥当的情绪表达方式，不让“坏脾气”四处乱窜。

3分钟自我调节

1. 当你想发脾气时，先强迫自己用一分钟想想后果再开口。
2. 想想让自己害怕的东西，试试以此置换难以遏制的愤怒情绪。
3. 实在忍不住也不要选择带有破坏性的情绪表达方式，可以用运动等温和方式减压。
4. 再生气也不要说违心的话刺激亲朋好友，只需就事论事地表明态度。
5. 心情不畅时马上去做自己喜欢的事，提前消耗掉滋养坏脾气的负面情绪。

掌控八要素，成为情绪的主人

30秒自我定位

你在什么情况下能控制住自己的脾气？

A. 在轻松愉快的环境下可以

B. 只要不触及我的雷点就可以

C. 任何情况下都可以

情绪是自发产生的，无法被扼杀，但可以被置换。换句话说，我们并非只能做情绪的奴隶，也可以做情绪的主人。我们可以根据八个影响情绪的要素，来有效地调节与操控情绪。

这八要素分别是时间架构、观念、参与程度、强度、比较、速度、准则、转换。下面我们来逐个进行拆解。

1. 时间架构

从不同的时间角度想问题，你所产生的情绪会有很大的差异。比如，你想着必须在三天内解决某件事的时候，就会产生或多或少的焦急情绪，让自己变得比平时更加紧张。可是，当你意识到解决某件事需要三年，焦躁的情绪可能就淡化了。因为事情的节奏本身很慢，着急也没有用。当事人会不由自主地逐渐放松下来。

除此之外，时间拉得越长，情绪就越难保持。无论是正面情绪还是负面情绪，都经不起时间的损耗。最典型的例子莫过于古代军事家说的"朝气锐，昼气惰，暮气归"。意思是说，士兵在早晨刚出征的时候精神饱满、斗志昂扬，到了中午士气就松懈下来了，到了傍晚更是归心似箭，无心恋战。于是，人们运用这个原理让时间来冲淡那些爆发的坏情绪。所以，想要练就好脾气，先得学会从更长的时间角度来看问题，而不要满脑子是灭此朝食的求快心理。

2. 观念

这说的是人们对某事所持的观念对情绪产生的影响。当我们肯定某个事物时，一看到它就心情舒畅，怎么会产生负面情绪呢？反之，当我们从理念上否定某个事物时，肯定是一看到它就烦躁不安。久久对着自己反感的东西，引发负面情绪的压力源整天在眼前晃荡，怎么可能不产生坏脾气呢？

从根本上说，情绪往往是对利益冲突的本能反应。坏情绪源于我们内心深处做出了利益受损的判断；而当我们直觉判断获得了某种益处时，就会产生好情绪。根据这个原理，当我们改变对事情的看法时，情绪就会随之发生很大转变。你看许多游说的案例，本来听者怒气冲冲，但游说者运用巧妙的辞令改变了听者的认知，便出现了转怒为喜的戏剧性结局。假如不改变对利益的认知，负面情绪是没法转化为正面情绪的。

3. 参与程度

当人们对一件事抱有较大的参与热情时，情绪波动会更大一些。反之，当人们缺乏参与积极性时，就会对某件事看得比较淡漠，情绪波动相对较小。

明末清初的史学家谈迁在28岁时感叹明朝的史料错漏颇多，立志要编写一部翔实可信的《国榷》。在此后的26年中，他长期四处奔波搜集资料，六易其稿，完成了多达400万字的《国榷》。人有旦夕祸福，就在他准备将书稿付印时，却不幸被盗贼窃走了书稿。数十年心血毁于一旦，让53岁的谈迁大受打击，整天以泪洗面，身体也垮了。好在他后来重新振作，花费四年时间重新写完了《国榷》。

当代也有编剧花了几年时间闭关完成一部剧本，由于一次电脑故障而丧失了所有数据。那位编剧一时激动从二楼窗口跳了下去，好在没受什么重伤。在外人看来，他太不淡定。问题是，人们会本能地为自己付出大量心血的东西而痴狂。没有倾注自己心血的东西，人们往往不会很珍惜。这种心态会放大我们的正面及负面情绪。

4. 强度

当刺激源的强度发生变化后，我们的情绪就有可能由量变产生质变。说起来很微妙，人在高压力环境下，可能先是被恐惧情绪占据头脑，焦虑、悲观、抑郁、烦躁等情绪轮流出现，混杂在一起。有的人因为压力增强而由焦虑变成了烦躁，养成了动辄发火的坏脾气。有的人则会因为恐惧而变得悲观失意，再进一步产生让自己透不过气来的抑郁心态。

这就是为什么人们总说需要经常排解压力的主要原因。在精神压力过大时，你会很难保持好情绪与好脾气。无论是哪种负面情绪，只要达到了一定的强度，都会转换成坏脾气。所以，想要控制好情绪就要设法减轻压力强度。

5. 比较

美国行为科学家斯塔西·亚当斯在20世纪60年代提出了管理学的公平理论（别称社会比较理论）。公平理论的核心内容是：人们的工作积极性不光与实际报酬的多少挂钩，还与每个人对报酬分配公平程度的感受密切相关。换言之，每个人都会下意识地比较自己的付出与回报的比例，并且与其他人进行比较。

在同等工作量的情况下，如果你的报酬少于其他人，就会感到“不公平”。哪怕你的实际收入在社会上属于靠前的水平，依然会感到自己被亏待了，从而失去工作积极性。反之，尽管你的实际收入不高，但与其他同行比略高或持平，你就会感觉已经得到了“公平”，从而保持较高的工作积极性。也就是说，此处的“公平性”是比较出来的主观感受，不一定符合社会的客观标准。

在生活中，比较心理（俗称攀比心）对情绪的影响非常深远。喜欢攀比的人，更容易出现情绪波动，为自己暂时超过别人而得意扬扬，为自己暂时落后于别人而气急败坏。我们通常说的“人比人，气死人”与“退一步，海阔天空”都是利用减少攀比心的办法来掌控情绪的。

6. 速度

有的事情虽难办但工期很长，让大家有从容的时间来思考与准备。有的事情虽简单但要求灭此朝食，逼得人们不得不让情绪焦躁起来。一旦到了火烧眉毛的时候，再淡定的人也会紧张。纵然他们还能在表面上保持镇定，但内心其实已经如江海翻腾了。这就是行事速度对情绪的影响。

当人被形势逼急了就会被情绪冲昏头，失去理智。比如，“病急乱投医”的现象就是因为行事速度被迫加快，从而导致当事者心急火燎，考虑问题不周。军事家孙武曾经指出，如果一个将军克制不住焦躁的情绪，总是急于取得胜利，必然会给士兵们带来灾难性的后果。

所以，善于控制情绪的人，无论事情怎样紧急，都会牢记“欲速则不达”的道理。事实上，急事更需要以“缓办”的态度来对待。虽说没有徐徐图之的余地，但很多急事只要能稳住心神，就能冷静处理，恰到好处地赶上节奏。假如以焦急情绪来追求快速完事，就会越急越忙乱，反而拖慢了速度。

7. 准则

我们在生活中会有意无意地接受许多准则。比如，某种衡量标准一旦发生变化，就会大大影响我们的情绪。

胡常与翟方进都是西汉的太学博士。胡常的辈分与资历都在翟方进之上，但在太学的名气反而不如他。所以，胡常非常嫉妒翟方进，经常挑衅与贬损他。翟方进没有直接与之斗气，而是让自己的几个学生在胡常为太学诸生讲大课时去认真听课。他也经常虚心向胡常请教经史疑难。时间久了，胡常觉得翟方进对自己非常恭敬，于是得意扬扬，不再嫉妒他，反而经常对别人称赞翟方进。

从嫉妒到喜欢的态度大转变，是因为影响情绪的准则变了。胡常嫉妒翟方进是因为感到自己的名气被比下去了，没有面子。但翟方进的谦恭态度，让胡常觉得自己很有面子，于是也就满足于现状了。

8. 转换

简单说就是转移注意力。情绪的产生都有具体的诱因。当你的注意力从这个具体诱因上转移时，旧的情绪也会被新的情绪给代替。这就是我们常说的注意力转移法。

古代有位书生看到一幅美人背影图后茶不思饭不想，对着画中人相思成疾，苦闷不已。为了治愈他，亲戚朋友想了很多办法，但都不成功。后来，有位画师得知后，比照那幅画的风格画了一幅新画，送给书生。书生一看，画中的景物与女子的衣着与前画一模一样，唯一的区别就是画中的女子回头了，居然是张难看的脸……书生是“外貌协会”成员，见到画中人是个丑女，马上就不苦闷了。

这就是通过转移注意力来改变情绪的办法。当负面情绪产生的诱因难以消除时，转移法可以用其他情绪来置换当前情绪。

总之，通过掌控以上八个要素，我们就能根据不同的情景灵活地调节自己或他人的情绪。一般来说，坏脾气的人都不善于运用情绪八要素，只是被牵着鼻子走。好脾气的人未必个个都懂情绪八要素的原理，但在实践中已经不知不觉运用上了，恰如古人所说的“日用而不知”。假如能知之而用之，我们的情绪管理能力就能更上一层楼。

3分钟自我调节

1. 站在更长远的角度看让自己烦躁的问题。
2. 改变自己对某件影响情绪的事的认识。
3. 适度降低参与热情。
4. 设法减轻外界刺激的强度。
5. 抛弃不必要的攀比心。
6. 急事缓办，不片面追求速度。
7. 选择有利于自己的衡量标准。
8. 把注意力转移到让自己开心的事物上。

第2章 TWO

看清镜子里那个乱发火的傻瓜

一个人的脾气好坏，很大程度上取决于其焦虑情绪的多少。焦虑对健康的影响很大。现实中有不少这样的悲剧：某个原本很优秀的人，在遭遇失败后一蹶不振，性情大变，整天酗酒，自甘堕落。他们之前温和友善，后来却脾气很坏，甚至产生暴力倾向。事实上，脾气再好的人，只要处于重压之下，也可能会变得容易情绪失控。由生活压力造成的精神压力，也就是焦虑情绪，是导致这种变化的主要原因。

就实而论，谁都不喜欢发火，更不喜欢被别人的火气灼伤。但真到火气上头时，人们总是很难克制住。因为人的大脑结构比较特别。信息通过感官传入大脑时，会分为两个路径输送到不同的脑部区域。负责感性思考的那部分总是先一步得到信息并做出反应，负责理性思考的那部分则会慢一些才能给出指令。但这并不意味着我们无法管理好自己的情绪。

坏脾气的人可能是思维方式太消极，可能是情绪管理能力太差，更多时候是两者的结合。而善于控制脾气的人，不仅有较为积极的思维方式，更重要的是，他们会有意识地设法化解自己过剩的愤怒情绪。比如，放慢动作，不急于做出反应，等自己冷静下来再说话做事。再如，先想想乱发火的不良后果，以提醒自己关紧情绪的闸门。又如，舍弃高对抗性的情绪表达方式，选择更加温和友好的方式来表达情绪。

爱抱怨的人都是情绪的奴隶

30秒自我定位

在遇到不顺心的事时，你第一时间的反应是什么？

A. 可能是方法不对，应该做出调整

B. 凡事难免有波折，坚持下去迟早会顺利的

C. 一恨时运不济，二怨队友不给力，反正不能怪我

选择最后一项的朋友，显然比较爱怨天尤人。抱怨既是他们的思维惯性，也是宣泄情绪压力的重要途径。只要有什么地方稍微不顺心意，这类人就絮絮叨叨，抱怨不已。

就事论事，抱怨是人类共有的一种行为。哪怕是修养极佳的大圣贤，也难免有抱怨情绪。比如世人眼中旷达潇洒的哲学家庄周，就曾留下过一段精彩的抱怨。

庄周家里贫穷，只好向监河侯借粮食。监河侯有封邑收入，富得流油。他同意资助庄周，许诺只要收完了今年封邑的赋税，就借给庄周三百金。庄周很生气，就说了一段奇闻来讽刺监河侯。

庄周说前一天自己在路上遇到了一条在车辙里快要渴死的鲋鱼。鲋鱼自称是东海龙王的臣子，不想在此遇难，求庄周给自己斗升之水以活命。

庄周许诺去游说南方的吴越国君，引西江之水来救活鲋鱼……鲋鱼生气地说："我现在只需要斗升之水就能存活了。先生与其游说吴越之王救我，不如到卖干鱼的集市找我的尸体算了。"

这个故事当然不是真的。庄周只是以寓言的方式抱怨监河侯的虚伪罢了。尽管他在文章里塑造了身体残疾、生活贫困却通达超脱的支离疏等得道高人的形象，但庄周不同于这些虚构的道者，也是会抱怨的。所以，我们对某些令人不快的事心生抱怨并口出怨言，是再正常不过的事了。

从根本上说，抱怨是人际互动中才会产生的行为。比如，庄周过自己的逍遥日子时不会抱怨。只有在与他人交流的情况下，庄周才可能有怨言。回想一下，大家平时也都是这样。每个人在非独处状态下，都会或多或少地抱怨过一些事情。

比如，有一首叫《最近比较烦》的老歌，唱出了生活中常见的几类抱怨。

每天工作排得太满，感觉钱越来越难赚，事业受阻，还经常被朋友有意无意地调侃，这是对职场失意的抱怨。觉得未来一片黯淡，又有长江后浪推前浪，激烈的竞争让自己的腾挪空间越来越小；告别家乡的伙伴，孤身一人到陌生的城市打拼，这是对前途渺茫的抱怨。女儿算术不好，儿子不肯好好吃饭，太太与岳母对自己横挑竖指，这是对家庭矛盾的抱怨。

是的，世界上总有大大小小的麻烦等着你，让你的人生旅途充满了颠簸。抱怨一下，没什么大不了的。只不过，有些人的抱怨太频繁，给人留下了脾气坏的印象，也给周围的人带来了不少负担。

习惯抱怨的人，每天一睁开眼睛就被负面情绪夺取了大脑的主导权。吃早饭时抱怨食品安全问题，上班途中抱怨地铁拥挤，买东西时抱怨物价太高，看到卫星发射时抱怨国家乱花钱，明明自己就乱丢垃圾还抱怨国人素质不高。总之，无论事情是否与他有关，他都能找出抱怨的理由。哪怕本来是一件让大多数人都高兴的好事，爱抱怨的人照样能找出霉头来。

抱怨大致可以分为两类：一是怨天，抱怨环境对自己不公平；二是尤人，抱怨别人对自己不友好。

有时候，我们抱怨的问题的确是客观存在的。这种抱怨虽是负面情绪，但也有批评指正的积极意义。也就是所谓的“正常的、良性的抱怨”。但有些脾气不好的人，本身思维方式很消极，而且遇到问题时总是不从自己身上找原因。他们的抱怨，其实属于一种不理智的情绪失控行为。

孔夫子提倡“学而优则仕”。他的侄儿孔蔑与学生宓子贱都做了官。两个人的职位相同，工作量相同，收入相同，但感受截然相反。

孔蔑认为自从做官以来，自己没有什么收获，反而失去了三个重要的东西。首先，因为工作太忙，没时间读书进修，以至于过去学到的知识不能融会贯通。其次，因为俸禄太少，只够让亲戚们吃稀饭，结果造成了亲情疏远。最后，因为琐事缠身，没时间去探望生病的朋友和悼念去世的朋友，于是朋友与孔蔑之间的来往也越来越少了。

孔夫子听完孔蔑的抱怨后，又问了宓子贱同样的问题。谁知宓子贱的感受与孔蔑的截然相反。他觉得自己不但没有什么损失，反而有三个收获。

首先，宓子贱把以前学过的知识用于繁忙的工作中，得到了更深刻的认识。其次，虽然俸禄很少，但还能让亲戚吃上稀饭，于是与亲人的感情更密切了。最后，尽管琐事缠身，但宓子贱还是在晚上抽空去探望生病的朋友，吊唁去世的朋友，于是朋友们也更信赖他了。

显然，宓子贱比孔蔑更得老师孔夫子和亲友们的欢心。因为他凡事都朝积极的方面想，从不抱怨什么。

其实，孔蔑与他的生活条件原本没什么区别。但孔蔑总是觉得自己失去的比得到的多，老是抱怨。整天牢骚满腹的，脾气自然不会好到哪里去，对待亲戚朋友也难免失态。他抱怨亲戚朋友与自己产生隔阂是因为俸禄太少、琐事太多。殊不知，真正的原因恰恰是他那负能量满满的坏情绪。

如今，抱怨已经成为愈演愈烈的普遍风气。不，也许一直以来，人们都会时不时抱怨，只不过是互联网的信息传播力度让我们重新认识了“性相近”这三个字。

互联网上充斥着“咆哮体”“吐槽体”之类的段子。这些段子通常是各行各业的人用来抱怨本职工作中的各种摩擦的。同行的人看了之后，会产生共鸣感，一笑而过。外行人也就图个看热闹。这种抱怨属于正常的情绪表达。因为大家“咆哮”之后，还是会认认真真地做本职工作。

真正抱怨成性的人则不然。看什么都不顺眼，牢骚满腹，没心思干正事。他们越是爱抱怨，越是心情烦躁。越是心情烦躁，做事就越不顺利。如此循环，负能量不断叠加，他们的抱怨也越来越多。

祥林嫂逢人便诉说自己的惨痛经历，第一次大家感觉很同情，第二次同情心开始减少，后来街坊邻居都烦了，反而把这当成了笑话。抱怨也是同样的道理。许多人第一次抱怨是真正的宣泄情绪压力，所以会与其他抱怨者产生共鸣感。但他们并不希望一直被坏情绪主宰，让自己每天都活得不痛快。如果爱发脾气的人继续抱怨的话，他们就不会再感同身受，而是越发厌烦。

生活压力本来就大，天天接受抱怨者的负能量，岂不是更加不堪重负？所以,《最近比较烦》这首歌在抱怨了一大堆生活琐事之后，话锋一转，开始唱“我真的不烦”和“人生很灿烂”。

比尔·盖茨说：“人生是不公平的，习惯去接受它吧。请记住，永远都不要抱怨。”

的确，光是抱怨而不去思考和行动，什么问题都解决不了。人类经过几百万年进化出来具有非凡智能的大脑，爱抱怨的人却只是用它来给自己找抱怨的理由。这真是大器小用。

导致情绪失控的原因五花八门，但归根结底，都是由于你的自主意识比情绪弱太多。喜欢抱怨的人往往自控力非常差，所以很容易从小牢骚上升为大怒气。正如恒星吸引行星靠的是更强的引力来克服斥力，当你的自控力战胜了情绪时，就不会被情绪冲昏头脑，做出各种不理智的行为。

总之，想要克服坏脾气，请先从减少每天的抱怨次数开始。抱怨太多是思维方式太消极和情绪管理能力太差的表现。也就是说，当你不再为鸡毛蒜皮的小事抱怨时，你就已经锻炼出了更积极的思维方式与较强的情绪管理能力。坚持下去，你就能从情绪的奴隶变成情绪的主人。这样一来，大家对你的评价就更加正面了。

3分钟自我调节

1. 记录自己每天说了多少次抱怨的话，无论长短，尽量不要漏掉。
2. 注明每次抱怨的对象是什么，抱怨的原因又是什么。
3. 每天记录，一周对比一次抱怨次数的变化曲线，看看近期影响自己情绪的内容有哪些。
4. 把本周所有的抱怨内容按照与自身利益相关性的大小进行排列，然后画掉那些跟自己没有直接关系的内容。
5. 认真思考剩下的抱怨问题有什么办法可以解决，全部写下来。

延迟五秒发怒，先想想有没有其他选项

30秒自我定位

当感到心情不快时，你会作何反应？

A. 马上情绪爆发，让别人知道你很生气

B. 脸色不好，但先不着急发火，待忍无可忍时再算总账

C. 迅速调整好情绪，让不悦一闪而过，恢复轻松的心情

脾气暴躁的人基本上都会选A。他们从来不让坏情绪堆积在心里，一有机会就释放出来。与此同时，他们产生负面情绪的速度也很快，故而发火频率比其他性格的人更高。这种炮筒子性格的人，最容易情绪失控。他们常常为小事而暴跳如雷，几乎是一触就跳。

三国时期的蜀汉名将张飞以“万夫莫敌”著称。他在当阳桥上以单骑面对曹操的大军时毫无惧色，高呼敌将来战，但曹军诸将畏其勇猛，无人敢上前交手。此举为刘备顺利突出重围争取了时间。张飞之壮勇，由此可见一斑。

然而，这位能征善战的虎胆名将，却没有轰轰烈烈地倒在战场上，而是以十分窝囊的方式告别了人世。

张飞生性暴而无恩，敬重君子却苛待士卒，经常用鞭打官兵来出气。

刘备对此也是摇头不已。他多次告诫张飞："你时常鞭打健儿，却还让他们侍奉左右，这迟早会招致祸端。"但张飞并没有听劝，依然动辄怒打部下泄愤。终于有一天，他的部下张达和范强忍无可忍，趁张飞熟睡之时杀害了他。刘备的预言一语成谶。

西汉学者刘向在《说苑》的《谈丛篇》中提到："民有五死，圣人能去其三，不能去其二。"这话的意思是说，人有五种死因，圣人只能避免其中的三种，无法克服剩下的两种。

五种死因分别是饥饿、寒冻、战乱、寿命及恶疮（痈疽）。前三种可以用善政解决，寿终正寝是不可逆转的自然规律。而恶疮这种看似用医疗手段能解决的问题，也被汉朝人视为无法避免的绝症。刘向的解释是，恶疮是因为体内气虚穷竭。按照他的说法，当人体内的正气（相当于免疫系统）衰退时，体外的邪气就会乘虚而入，邪气压过正气的人常常心生怨恨，爱乱发脾气，于是就会使病情更加恶化。所以说，内心充满怨恨而暴躁易怒的人，圣人也无法挽救其生命。

在医学发达的现代，痈疽已经不是什么疑难杂症。但从上面的论述中可以看出，古人已经意识到乱发脾气对生命健康的严重危害。

说来有趣，先秦时的神医扁鹊有个"六不治"的规矩，头一条就是"骄恣不论于理，一不治也"。他不治骄横放肆、不讲道理的人。因为这样的人总是控制不住坏脾气，也听不进医嘱。纵然医生有一百种救治的办法，他们也不会配合治疗，把本来能治好的伤病硬生生弄成绝症。

从这个意义上说，毫无节制地宣泄坏情绪，不但不能缓解累积的精神压力，反而会造成更严重的损害。因此，控制发怒不光是个修养问题，也是个健康问题。

前面说过，每个人都会有情绪，只不过表现出来的行为不同。同样的情绪，可能会产生不同的行为。此外，同一个行为背后的动机，或者说是支配这个行为的情绪有可能大相径庭。比如：当大家看到一则令人不舒服的消息时，有的人会当场暴怒，破口大骂；有的人会克制情绪，努力保持平静；有的人则会用转移注意力的方式来忽略它。发怒不是唯一的情绪表达方式，却是最激烈的情绪表达方式。

通常来说，性格直率、急躁的朋友更习惯于以发怒的方式来表达情绪。那些被称为“炮筒子”的人，思维方式直来直去，没有什么耐心，所以更容易出现坏脾气。

科学家的研究成果表明，情绪是不受意识控制的本能反应，而且人类经过数百万年进化出来的大脑，天生就不容易做到用理智控制情绪。当信息通过感官传入大脑时，会分为两个路径输送到不同的脑部区域。这两个路径长短不同。短的那一条通向结构相对简单的脑部区域（即所谓的情绪脑），长的那一条则通向更为精密复杂的脑部区域（即所谓的理智脑）。

情绪脑适合做一些快速简单的判断，理智脑则适合做需要深思熟虑的判断。当你认真思考某个事物的利弊时，就是在用理智脑做运算。由于神经传输路径短，情绪脑总是比理智脑先一步得到信息，更快做出判断，并将指令传递给我们身体的各部分。

不妨回想一下，当你得知某条信息时，心里一瞬间就产生了愤怒的情绪。尽管在仔细琢磨后，你又觉得似乎没有值得生气的理由，但在最初那一刹那，情绪脑会根据你的思维习惯不假思索地给出“应该生气”的判断。所以，人们总是会本能地产生不良情绪，区别只在于失控或不失控。

炮筒子性格的人比理性淡定的人更加遵从人类与生俱来的本能反应。他们基本上不等理智脑收到信息做出指示后再行动，而是只要情绪脑发出信号就迫不及待地行动。

由于情绪脑只能做粗糙的判断，一旦遇上相对复杂的情况，就会暴露考虑不周的先天短板。比如，张飞鞭打士兵出气的时候，就是放任情绪脑指挥行动。刘备劝告他的话是经过理智脑认真考虑的，但性格急躁的张飞，并不会耐心地等到自己的理智脑完成利弊分析。所以，他始终不会时刻谨记大哥的教诲，也不会在乱发脾气后把隐患记在心上。

无论你怎样努力，情绪脑在接收信息的速度上永远比理智脑快。所以，要改变乱发火的坏脾气，不在于提高理智脑的决策速度，而在于老老实实地等候理智脑的最终拍板。换言之，爱生气的朋友要把自己的性子放慢一些。

每个人都有过被热血冲昏头脑的经历。但只要推迟决定，就会逐渐冷静下来，发现之前忽略的问题。如果说发脾气是出于情绪脑的率先抢攻，那么控制脾气就是靠理智脑的缓兵之计。

“兵圣”孙武说：“主不可以怒而兴师，将不可以愠而致战；合于利而动，不合于利而止。”

这句话包含了两层意思：一是告诫我们千万不要在愤怒状态下做出重大决定，别让情绪脑的不靠谱判断控制了你；二是要求我们沉下心来用理智脑考虑自己的决定是否有利。如果理智脑判断确实有利，就算你还在愤怒状态，也可以化怒气为士气，更有效地达成目标。反之，如果理智脑判断不利，就算你怒不可遏，也不能行动，而是要另找办法来解决问题。

说来说去无非一句口诀——情绪脑发出的指令不算数，理智脑说的才算数。把情绪脑想象成一把手的秘书助理，把理智脑看作是拥有最终决定权的一把手。只要没看到理智脑“批复盖章”，就不要轻举妄动。

古代日本围棋名人本因坊秀和在一次与宿敌井上幻庵的对局中遇到了突发事件。他的徒弟秀策打翻了茶杯，响声干扰了他的思路。秀和很生气，但他看到徒弟焦急的表情时心头一动，没有急于发火，而是重新观察了整个棋盘。果然，对手布置了一个巧妙的陷阱，秀和凭借这次冷静思考发现了自己的失误，从而赢得了这盘关键的棋局。

因此，当我们遭遇任何让人生气的情况时，哪怕火再大也要先主动延迟五秒钟然后再说话或行动。具体做法如下：

第一步：先什么都不想，只是在心里默默数五秒钟，可以闭着眼数，也可以看表数。

神经传递信息的速度很快，只要能在情绪脑发飙之前延迟一下节奏，理智脑就能收到需要分析判断的情报。这是让理智脑发挥作用的前提。这一步的关键是一个“慢”字。心急易生怒，嘴快多恶言。强制延迟五秒钟，可以让你初步摆脱情绪脑的裹挟。

第二步：五秒钟后，重新理一遍头绪，看看情绪脑提供的“本能反应”是否符合理智脑的“价值判断”。在这个阶段，重点是“反复对比”。当你情绪平静时，头脑中会出现各种解决方案。不妨列出个上策、中策和下策，然后再反复比较利弊大小与难易度。

想一下子就练成冷静深思的性格不是简单的事情，但是从延迟五秒钟再发脾气开始，慢慢增加延迟时间，循序渐进，就能养成良好的情绪控制力。

3分钟自我调节

1. 想发火的时候，先等五秒钟，让自己的情绪稍微平复一点。
2. 五秒钟过后，先想一想是否只能靠发怒来表达自己的情绪。
3. 假如能想到其他的应对方式，就不要以对人发脾气的方式来泄愤。
4. 如果第一个延迟五秒钟没能让你的情绪稳定下来，就继续延迟五秒钟。
5. 记下每一次用延迟法控制情绪的过程，并认真总结感受，以巩固练习效果。

气急败坏只会把水搅得更浑

30秒自我定位

当你的原计划遇到挫败时，心里是怎么想的？

A. 感觉成功的希望渺茫，打算放弃

B. 心情大坏，带着火气与困难硬碰硬

C. 认为失败只是暂时的，总结了经验教训后，以乐观的态度重整旗鼓

按理说，最理想的心态是第三种，但大部分人在现实中是前两种心态。要么悲观失望，停滞不前；要么急火攻心，顾头不顾尾地一味蛮干。后者看起来比前者更积极，行动力更强。但从历史上的无数经验教训来看，当你变得气急败坏时，停下来让自己冷静一下才是上策。

元末枭雄陈友谅本来有着南方最强的势力，却被朱元璋以少胜多，其中一个重要原因就是他没控制好自己的坏脾气。

陈友谅为了消灭朱元璋，打造了几百艘巨舰，动用了六十万兵马，可谓倾巢而出。然而，他因为骄傲轻敌做出了错误的部署，全军围攻了南昌城整整三个月。尽管伤亡惨重，但陈友谅的军队还是没能攻克南昌，起初高昂的士气也变得十分低落。实际上，以他的雄厚兵力，完全可以分出一支部队包围南昌，自己率主力军与朱元璋决战。由于朱元璋军的人数较

少，正面交战有利于陈友谅军。可惜他因为攻城不顺而恼羞成怒，钻牛角尖式地死磕南昌，搞得自己师老兵疲。

就在这时，朱元璋率主力驰援南昌。陈友谅闻讯后，下令全军东出鄱阳湖。他是渔民出身，擅长水战，又在船只数量与大小上占尽优势。可是攻打南昌失利让陈友谅的军队士气低落，战斗力打了折扣。

朱元璋虽然兵少船小，但他正确地分析了形势，派兵封死了敌军的退路，又采用了对小船有利的战术。于是，原本占有众多优势的陈友谅军与朱元璋军打得难解难分。失去冷静的陈友谅昏招迭出，最终在激战中阵亡，六十万兵马也全军覆没。

“兵圣”孙武在其著作《孙子兵法》的《谋攻篇》中指出：“将不胜其忿而蚁附之，杀士卒三分之一而城不拔者，此攻之灾也。”这句话说的是，将军如果控制不住自己的愤怒情绪，让士兵们像蚂蚁一样爬梯攻城，可能会导致士兵战死三分之一也没法拿下敌城的灾难。所以，孙武把“攻城”列为打仗的最下策。

陈友谅的失败，印证了孙武这句名言。他先是骄傲轻敌，没把南昌守军放在眼里，攻城受挫后，又恼羞成怒，不从全局出发调整战术，而是朝着错误的方向上越跑越远，最终把自己的优势挥霍一空。

由此不难明白，当一个人气急败坏时，头脑已经失去了冷静，处于发昏状态。平时能想到的问题、会警惕的隐患，到这时候通通被忘到了九霄云外。于是，急火攻心的人越是想快刀斩乱麻，就越会陷入欲速则不达的困境。

当某件事让你手忙脚乱时，越急越容易出错。想必大家都曾经有过这样的经历。比如，我们想找一样东西时，越着急越找不到，但后来不着急的时候，一找就找到了。就算你努力回想当时的情况，也依然感到之前死活找不到真是件不可理喻的事。其实，这很可能是因为我们的五感在坏心情的影响下失去了平常的敏锐度，从而没把有用的信息及时传输给大脑。

有一个关于忙中出错的笑话，说的是某君打电话给母亲的时候，下意识摸了一下平时放手机的衣服口袋，然后发现手机“丢了”。于是他一边跟母亲说手机不见了，一边把家里翻了个底朝天。有趣的是，母亲被他的慌乱情绪传染了，失去了冷静思考的能力，在电话里不断提示儿子：“是不是还有哪里没找过？”

某君急昏了头，完全没想起手机不在口袋里是因为自己正拿在手上。他的母亲也因为焦急而没意识到，如果儿子没有手机怎么可能一直跟她保持通话呢？

所以说，当我们遇到麻烦时，千万要冷静，不能让心情变得烦躁。人一烦躁就会头昏脑涨，智商下降，把本来能轻松解决的问题搞得更加复杂。

情绪的力量远比我们想象的更大。在情绪面前，理智往往不堪一击。谁都知道理智是好东西，但在遇到较大的外部压力时，我们很难保证自己的情绪不失控。事情不顺带来的挫败感与无力感，会折损人们的自尊心，从而让人生出羞愤的感觉。当这种不断累积的坏情绪全面爆发后，当事者就可能变得像脱缰的野马那样不计后果。

三国的刘备谨慎了一辈子，自律了一辈子，哪怕是被敌军追得四处逃窜时，也没有失去理智。可是，当他听到孙权派兵夺取荆州，杀死关羽时，就一反常态，气急败坏地倾全国之兵讨伐东吴。

此举违背了蜀汉长期以来奉行的连吴抗曹战略，遭到了诸葛亮、赵云等重臣的反对，但刘备不听。孙权也派遣使者求和，遭到刘备拒绝。在大军出发前，张飞被心存不满的部下杀害。刘备虽然心痛不已，但还是一意孤行要攻打东吴。最终，失去理智的刘备被东吴名将陆逊火烧连营，蜀军数十万兵马灰飞烟灭。英雄一世的刘备，也狼狈地逃回白帝城，很快告别了人世。在他死后不久，蜀吴两国又重新结盟。

主帅的满腔怒火，招来烧死无数己方将士的烈火，这一战真是得不偿失。

古人说："龙有逆鳞，触之则杀。"坏脾气的人几乎浑身长满了逆鳞，任何一点微不足道的事都能让他们怒不可遏。好脾气的人并非没有不可碰触的逆鳞，但他们善于控制情绪，不会动不动就像斗鸡一样奓毛。而且，能让他们发怒的"逆鳞"，通常是普通人不会错手触及的东西。

刘备气急败坏并非本身性格暴躁，只是因为被触及了荆州与关羽两个逆鳞，故而彻底丧失了理智，连自己最信任的诸葛亮的话都不听。由此可见，控制情绪是一项终身修行，不可等闲视之，不可虎头蛇尾。

不过话说回来，聪明人不仅能控制好自己的脾气，还能把别人的坏脾气变废为宝，加以利用。这种案例并不罕见。

东汉开国之前，光武帝刘秀派偏将军王霸与捕虏将军马武去讨伐割据皖北一带的周建。王霸与马武职位平级，光武帝事前没指示谁是主将谁是副将。

正当汉军与周建的军队在垂惠城交战时，另一支割据势力苏茂率兵来袭击汉军的粮草辎重。马武回师救援运粮的部队，周建趁机从垂惠城中杀出。马武腹背受敌，但他总是想着王霸会来增援自己，所以作战很不积极，结果被打得大败。

马武的败兵来到了王霸的军营，纷纷呼救。王霸却下令各营紧闭营门，不得擅自救援。众将不解，王霸冷冷地说："敌军声威壮盛，如果我们出营救马武，肯定会双双落败。还是让马武自己拼死抗敌，好自为之吧。"

这句话让汉军众将非常生气，大家都坚持请求出战。

王霸这才解释道："苏茂的兵马精锐，人数又远多于我。我军将士对此感到恐惧，无法与之正面争锋。况且，我与马武平级，没有统一指挥，这不利于打胜仗。我们闭营不出，假装不救友军，敌军就会轻敌冒进。而马武见增援不至，就会拼死杀出一条血路。我们以逸待劳，等到苏茂的士兵疲惫之时，就能一举战胜敌军。”

果然，苏茂与周建误以为王霸真的要弃马武于不顾，就全力进攻马武。马武见王霸拒绝增援，气急败坏之下，只能自己殊死拼杀。

双方激战良久。王霸的部下们越来越看不下去了，甚至有人割断头发来请求出战。王霸见众将士的怒气值已经“满格”，于是悄悄打开营寨后门，派出精锐的骑兵从敌军背后偷袭。周建与苏茂猝不及防，被打得大败。马武的部队也被成功救回。

在这个案例中，马武因为友军不伸出援手而气急败坏，汉军众将士因为看着同伴被敌军围攻而气急败坏，这一切都在王霸的掌控之中。首战失利，敌众我寡，这些不利情况足以让整个战争失败。但王霸没有慌乱，也没有气急败坏，自乱阵脚。而且，他清醒地认识到克服恐惧情绪需要三军将士“气急败坏”，所以设法引出众人的愤怒情绪。但他自己始终保持着高度的冷静，才能看清形势的变化，在最恰当的时机做出最恰到好处的部署。

所以说，当我们遇到挫败与不利局面时，应该向王霸学习，保持良好的心态，不要气急败坏。这样才能树立一个从容不迫的良好形象，给那些情绪失控的人以安心的感觉。

3分钟自我调节

1. 面对挫败时，不要用发火来释放情绪，先闭上眼睛深呼吸20次。
2. 放松身体，逐渐进入冥想状态。
3. 给自己心理暗示“不要紧，还有反败为胜的机会”。
4. 当心跳恢复正常时，从头开始冷静分析情况。

生气不如争气，正确运用愤怒的力量

30秒自我定位

当你受到他人的贬损时，会怎样处理？

A. 当场翻脸骂回去，过后依然故我

B. 强压火气，回头再找机会报复，但不改变原有习惯

C. 更加发愤努力，用事实让所有质疑自己的人目瞪口呆

毫无疑问，愤怒是一种副作用极大的负面情绪，不光会给他人造成伤害，也会影响自己的身心健康。动不动就乱发火的坏脾气，是情绪控制能力差的表现。但是，这并不意味着好脾气就是永远不生气，更不能把善于控制情绪等同于在任何情况下都不能有丝毫愤怒。

负面情绪对人固然有很多坏处，但也自有其存在的意义。在特定的情况下，负面情绪反而能转化为一股激励自己的强大力量。其中最容易被开发利用的，就是愤怒情绪。

燕国因子之窃国引发大乱，被齐国趁火打劫。年轻的燕昭王即位后励精图治，决心要报仇雪耻。

这个目标的难度系数大大超过了越王勾践灭吴国。燕国自从周武王分封以来一直缺乏强国传统。在春秋时，如果不是霸主齐桓公出兵增援，

燕国说不定就被入侵中原的山戎军队给灭了。进入战国后，齐国打败了老牌霸主魏国，与新崛起的秦国长期争雄。当时的齐国相继击败了楚、韩、魏、赵、秦、中山等国，后来又灭掉了宋国，扩张领土千余里。而燕昭王面对的是一个残破的小烂摊子。列国都不认为弱燕能打败强齐。

但悬殊的实力对比并没让燕昭王放弃努力。他怀着图强雪耻的愤慨，“吊死问孤，与百姓同甘苦，卑身厚币以招贤者”。在战略家苏秦、军事家乐毅等人的策划下，燕昭王组织起反齐同盟，把齐国打得差点灭亡。

由此可见，如果能知耻而后勇，把愤怒情绪变成鞭策自己不断前进的动力，再按照正确的方法办事，就能有了不起的成就。

然而，并不是所有的愤怒情绪，都能转化为积极向上的动力。有时候，你看着像是知耻而后勇的行为，可能只是情绪失控，丧失了理智而已。

遥想当年，秦国以割让商於之地的条件诱骗楚怀王与齐国绝交。楚怀王利令智昏，不顾群臣反对与齐国断绝外交关系。结果秦国并没如约割地，他在大怒之下决定兴兵伐秦。然而这一次，有识之士又反对怒而兴师，但楚怀王不听，硬是要出兵。结果两军在丹阳激战，仓促出击的楚军阵亡八万，七十多位高级将领被秦军俘虏。

楚怀王咽不下这口气，又征发国内大量兵马进攻秦国。楚军虽然突破了武关要塞，深入到咸阳附近的蓝田地区，但再次被主场作战的秦军击败。更糟糕的是，与秦国有同盟关系的魏、韩两国闻讯后，也来了个“黄雀在后”，袭击楚国边城。楚怀王不得不狼狈退兵。齐国因为楚怀王主动绝交的事情生气，坐视楚国被三国先后痛击。此后，曾经强大的楚国开始走向衰弱。

同样是怀着雪耻之心做决定，为什么燕昭王能成功，楚怀王却失败了呢?

说到底，两个人对愤怒情绪的运用根本不是一回事。

燕昭王虽然对国耻愤愤不平，但他并没有急于求成，而是想方设法地提高实力，踏踏实实地精心部署。尽管他的怒气值一直处于“满格”状态，却没有丧失理智。楚怀王则不然，他被怒气冲昏了头脑，听不进正确的意见，只是不顾后果地发泄负面情绪。一个是主动地把愤怒情绪用在点子上，一个是被动地让愤怒情绪牵着鼻子走。由此导致的结果自然不可同日而语。

当人进入愤怒状态时，大脑会因这股情绪变得兴奋，从而增加肾上腺素的分泌，让你的肌肉能以更强的爆发力来对抗外来的压力或威胁。所以，善于指挥的将军往往会在战前做思想动员，激发战士们同仇敌忾的怒气，以提升全军的战斗力。

通常而言，人们在相对安宁平和的状态下，总是会变得好逸恶劳，不会以100%的力量做好每一件事。因为，安逸的环境不能给你提供爆发能量的动力，没有足够的利益或情感驱动，你浑身的细胞都活跃不起来。但怀着发愤雪耻心态的人则不同，可以用100%甚至更多的力量去做要做的事。因为，不这样做的话，他们就无法排解愤怒情绪带来的痛苦。只要让自己产生坏情绪的源头一天不除，立志雪耻的愤慨之人就不能真正平复心情。

从这个意义上说，这样的愤怒情绪其实是一种积极的情绪，其正面作用远大于负面作用。

比如，我们在观看一场激烈的体育赛事时，很大程度上是在欣赏双方那种看起来很像“愤怒”的斗志满满的精神劲。严格来说，运动员并不一定是真的生气了。他们只是让身体处于类似“愤怒”时的高度兴奋状态，而不是情绪失控。假如运动员没精打采的话，做出的技术动作会走形而且变得疲软无力。观众一看就觉得他们在梦游，根本没有认真比赛。

此外，运动员在赛场上嘻嘻哈哈，也是一种没进入到比赛状态的表现。人在认真对待某事时不一定会愤怒，可能只是严肃。但人在愤怒时会比平时的态度更加认真。嘻嘻哈哈的松懈状态，无法让人的肌肉变紧张、头脑变清醒，自然也就不会给观众呈现出斗智斗勇的紧张感与刺激感。这样的比赛过程会相当乏味。

需要明白的是，坏脾气的人与斗志昂扬的人都充满了愤怒情绪，但两者有着本质区别。

首先，坏脾气的人只是放任情绪失控，斗志昂扬的人则会有意识地控制情绪。

那些真正情绪失控的运动员，也逃不出观众的法眼。他们的技术动作会充满力量，但依然会走形。赛场上的焦躁情绪是会传染的。运动员的气急败坏也会让观众的情绪失控。有些足球迷因自己支持的队伍失败而聚众闹事的案例，在全世界都不罕见。他们不一定个个都是天生的坏脾气，但激烈的比赛过程与残酷的比赛结果，会放大他们的愤怒情绪，从而让他们走向失控的深渊。

其次，坏脾气的人在逆境中会变得越来越不知所措，斗志昂扬的人则能化怒气为士气，越战越勇。

还是用比赛来举例。足球场上反败为胜的例子不胜枚举。尽管反败为胜的过程五花八门，但归根结底，少不了重振士气。参加过竞技运动的朋友都知道，“状态”在比赛中很关键。无论哪一方打顺手的时候，都会越战越勇，发挥出比平时更高的水平。所以，篮球教练与排球教练总会在对方连得几分的时候叫暂停。一方面是为了调整战术，重振己方队员的士气；另一方面是想通过这个短暂的间隙来断掉对方队员“一鼓作气”的节奏。与此同时，在己方队员开始情绪失控、动作变形时，教练也会用暂停的方式来给队员平复情绪的空间。

最后，坏脾气的人缺乏痛定思痛的自觉性，斗志昂扬的人会在愤怒的同时认真反思自己的不足。

坏脾气的人通常没什么自省精神。他们喜欢抱怨环境、埋怨他人，哪怕明知道错误的是自己，也要迁怒给外界。所以，坏脾气的人总是无法解决让自己产生愤怒情绪的根源，于是停留在“本事不大，脾气不小”的恶性循环中难以自拔。斗志昂扬的人也会发脾气，但他们更多的是气自己做得不够好，而非迁怒于环境与他人。因此，斗志昂扬的人会用愤怒情绪提醒自己认真改掉之前的错误，努力弥补曾经的不足。按照这个节奏做下去，迟早会根除愤怒的源头，从负面情绪中彻底解放出来。

博物学家达尔文说：“脾气暴躁是人类较为卑劣的天性之一，人要是发脾气就等于在人类进步的阶梯上倒退了一步。”

一个人不可能一辈子与愤怒情绪隔绝。但我们完全可以学会正确地使用这种副作用很大的负面情绪。当你感到怒不可遏之时，该做的不是冲人发脾气，而是告诫自己要“争气”。

要知道，生气并不能改变愤怒的源头。只有争气，才能让人们摆脱不良情绪的束缚，把坏事变成好事。

3分钟自我调节

1. 遇到令你愤怒的事时，不要急于针锋相对，努力做到按兵不动。
2. 想象自己是被教练喊暂停的运动员，让激动的情绪缓和下来。
3. 反思自己为什么会生气，以及做到怎样的程度就不会再生气。
4. 在心中默念“只要争气，不要生气”，直到自己感觉浑身充满力量为止。
5. 把这股斗志写成提示，贴在随时能看见的地方以激励自己。

用幽默拆除即将爆炸的"地雷"

30秒自我定位

当对方准备发脾气的时候，你会怎样应对？

A. 自己也针锋相对地发火

B. 平静地接受对方的火气

C. 用恰到好处的幽默让对方转怒为喜

按照"近朱者赤，近墨者黑"的原理，可得知坏脾气是会传染的。假如把朱与墨放在一起，最后是变赤还是变黑？假如一个好脾气的人与一个坏脾气的人相处，最后是谁能扭转谁？

这个问题看似与"以子之矛，攻子之盾"如出一辙，实际上和"世界上最厉害的格斗术是什么"的问题差不多。各种格斗术都有自己的长处与短板。打擂台的赢输，与其说是取决于格斗术的种类，不如说取决于参赛选手的个人水平。同理，好脾气与坏脾气之间的较量结果，取决于双方的功力高低。

假如好脾气的人是个调节情绪的高手，说不定能在坏脾气的人闹情绪之前就排除隐患。能做到这种境界的人，往往有着超乎常人的幽默感。

春秋五霸中的楚庄王很喜欢马。有一年，他的一匹爱马死了，这令他难过得神志不清。楚庄王下令让群臣向这匹马致哀，并按照大夫的礼仪规格厚葬爱马。很多大臣都劝阻楚庄王这个荒唐的举动，但楚庄王根本听不进去，反而生气地下令说：“谁敢再提这件事，一律处死！”

乐人优孟身高八尺，滑稽多辩，经常用谈笑的方式讽谏楚国君臣。他得知此事后，马上进宫面圣，一见到楚庄王就痛哭流涕。

楚庄王感到莫名其妙，便问他：“你为何哭得如此伤心？”

优孟回答道：“我之所以这样伤心，是因为大王的爱马死了。那可是大王最喜爱的马啊！怎么可以只用大夫的礼仪规格来办理丧事呢？这对大王的爱马也太不尊重了。我请求用君主的葬礼规格来安葬大王的爱马。”

楚庄王听到这话很高兴，他忙问道：“那依先生的意思，该怎样置办这次丧礼呢？”

优孟开玩笑似的说：“依我之见，大王应该用雕琢过的美玉做棺，用珍贵的木材做椁，再调动大批军队，发动全城百姓，为马建造华丽的陵墓。到了出丧之日，大王可以让齐赵两国的使者在前方开路，让韩魏两国的使者护送马的灵柩。再为这匹马建立祠庙，并用太牢礼（猪、牛、羊等祭品）祭祀，追封马为万户侯。如此一来，全天下的人都会明白，原来大王是如此看重马而轻视人。”

听到这里，楚庄王顿时清醒了。他非常惭愧地说：“没想到寡人居然犯了这么大的过错啊！先生您看寡人应该如何补救才好呢？”

优孟见楚庄王已经意识到错误了，他没有继续批评楚庄王，而是巧妙地回答道：“此事不难。臣请求以六畜之礼来安葬马。用炉灶做马的椁，以大铜锅做它的棺，用姜枣木兰来做陪葬品，用粳稻来祭祀马，用大火给马当礼服，最后将死马安葬在大家的肚子里就行了。”说白了，就是让已经死去的宝马来祭祀楚国君臣的五脏庙。

这一席话让楚庄王转忧为喜，就按照优孟的建议去办了。从此，他也反思了自己之前爱马的方式，没再闹出类似的荒唐事来。

在某些心理学家看来，所谓的不理智的行为，是由某个核心情绪引起的。只要那个核心情绪不改变，人是不会恢复理智的。

所以，优孟先是装哭，引起楚庄王的同情心，然后又顺着对方的心思说话。此举先把楚庄王的情绪由愤怒改变为喜悦。接下来，优孟用开玩笑的方式迂回侧击，让对方意识到了自己的错误。此时楚庄王的情绪由喜悦变成羞愧。当人产生愧疚感的时候，会比平时更容易采纳他人的意见或建议。不过，对于滑稽多智的优孟来说，这样处理就落了俗套。他用幽默的话语建议把马肉烹了分给大家吃，逗得楚庄王哈哈大笑。这样一来，楚庄王的情绪从羞愧再度转为高兴。那些让人产生坏情绪的烦恼，被优孟的玩笑彻底排干净了。

好脾气的人不一定个个都是让人捧腹大笑的幽默大师，但他们往往比其他人拥有更多的自娱自乐精神。他们与普通人一样也会有坏情绪，却总是以幽默的态度来化解，很快让心里顺气。

古时候有个叫陈大卿的人，患上了疥疮，皮肤痒得坐立不安。某日，上司见了他疥疮发作的样子，嘲笑道："你可真舒服呀！"

谁知陈大卿不但不生气，反而说："我的病有五种美德，别的病都不能与之相提并论。"上司好奇追问，陈大卿一本正经地解释道："疥疮不长在我脸上，保全了我的颜面，此就是它的仁德啊！谁一碰到疥疮，它就毫不吝啬地迅速传染给他人，此传染迅速，这就是它的义气啊！疥疮让人奇痒难耐，忍不住伸出手指去抓挠，这就是它的礼数啊！它不在别处发作，专在关节缝里生长，令人感到扑朔迷离、难以捉摸，这就是它的机智啊！每隔一段时间就发痒，差不多次次都集中在那几个时间段，这便是它的诚信啊！仁义礼智信齐全，这不就是最有美德的疾病吗？"

听完这话，上司也捧腹大笑起来。

陈大卿平素饱尝疥疮之苦，心里肯定少不了烦闷。但难能可贵的是，他并没因此而变得脾气暴烈。当别人嘲笑他的缺点时，他不但没有情绪失控，与对方发生争执，反而以豁达幽默的态度自娱自乐。于是，世上少了一次无谓的争吵，多了一则精辟的故事。

控制情绪的办法很多。有的人是靠意志力去克制，为自己的坏情绪套上笼子。有的人是靠转移法，把坏情绪发泄在不会给人造成伤害的地方。相比之下，那些用幽默来拆除“地雷”的人，不仅更容易保持良好的修养，还能向周围的人展现一种对生活游刃有余的特殊魅力。

幽默有一种神奇的力量，能净化人们心中纷繁杂乱的负面情绪，重新激发每个人心中积极乐观的正面情绪。

因此，尽管人生不如意之事十有八九，但你完全可以常想一二，有意识地去寻找生活中的“笑点”。这样的话，你就没什么精力去乱发脾气了。

3分钟自我调节

1. 转变观念：与其忍耐火气，不如学会谈笑风生。
2. 多读幽默故事，看看名人是怎样用幽默来应对各种场面的。
3. 在心情糟糕的时候，想一想最近听到的让自己捧腹大乐的笑话。
4. 在别人准备生气的时候，先设法让他脱离愤怒情绪，然后再讲个能让他哈哈大笑的笑话。
5. 努力养成随时随地风趣幽默的习惯，让自己与他人一直处于好心情的状态，主动远离坏情绪。

第3章 THREE

焦虑正在悄悄吞噬我们的福气

现实中有不少这样的悲剧：某个原本很优秀的人，在遭遇失败后一蹶不振，性情大变，整天酗酒，自甘堕落。他们之前温和友善，后来却脾气很坏，甚至产生暴力倾向。事实上，脾气再好的人，只要处于重压之下，也可能会变得容易情绪失控。由生活压力造成的精神压力，也就是焦虑情绪，是导致这种变化的主要原因。

焦虑不仅对身心健康的影响很大，而且还会降低我们的思维能力。当一个人焦虑过度时，就会变得比平时更加患得患失、瞻前顾后。尽管焦虑情绪不像愤怒情绪那么急促暴烈，但同样会让我们出现情绪失控的情况。脾气暴躁的人常常对还没搞定的事情或尚未出现的问题感到焦躁不安。他们并不胸有成竹，所以总是害怕事情脱离掌控。这种烦恼让他们的理智逐渐被焦虑吞没，反过来让自己的脾气更加糟糕。

焦虑是一种很容易产生的情绪，会像滚雪球一样越积越多。更麻烦的是，生活难免不顺，而这就是焦虑情绪产生的源头。不过，我们完全可以用积极情绪去覆盖掉焦虑。焦虑表面上是想得太多，其实不一定。当我们对事物有更透彻的认识时，就能避免思虑过度，从而减少不必要的焦虑。学会怎样抛弃多余的忧虑，好好活在当下，是养成好脾气的重要功课。

患得患失的你，真是焦虑过度了

30秒自我定位

当你感到焦虑的时候，最常见的反应是什么？

A. 烦躁不安，比平时更紧张焦急

B. 精神不定，很容易为小事情抓狂

C. 患得患失，做选择时迟迟不能下决心

有时候，人生就像是在做游戏任务，突破了这一关才能进入下一关。很多人卡在某一关徘徊不前，可能是由于实力不足所致，也可能是因为过于患得患失。

犹豫不决的人往往寝食难安。尚未解决的问题就像石头一样装在他们心里，迟迟不能落地。这类人很容易犯头痛病，因为焦虑情绪加速了他们的脑力消耗，又令其始终把精神浪费在左右为难上。越是患得患失，就越难做出决断；越是下不了决心，就越加患得患失。

这种过度焦虑带来的精神压力，不仅会影响我们的健康状况，还会让我们错失一些机会，使我们在事后更加懊悔不已。

北魏王朝北临剽悍的游牧民族柔然，南与南朝刘宋接壤。北魏太武帝拓跋焘为了摆脱腹背受敌的局面，打算集中兵力先攻打柔然。但朝中文武百官都担心南朝的宋军会趁机北伐，极力反对这个计划。太武帝有些犹豫，开了好几次会讨论。三朝元老、太常崔浩坚决支持太武帝的决定。崔浩指出，刘宋自从开国皇帝刘裕去世后元气大伤，没有能力组织北伐，柔然对北魏十分轻视，正好能打他个措手不及。

于是，太武帝亲自率军讨伐柔然。大军出动之前，北魏天师寇谦之问崔浩这一战能否取胜。崔浩认为，按照形势来看，消灭柔然应该不成问题，但众位将领有顾虑，恐怕他们不敢乘胜追击，可能会半途而废。结果正如崔浩所担心的那样。

北魏军队的突袭让柔然人猝不及防，丢弃了大量物资逃亡。另一支游牧民族高车人也归附北魏，参与了对柔然人的夹击。战争形势一片大好，但太武帝率军追击柔然军队到琢琊山，突然变得犹豫起来。

前方尘埃漫天，显然是柔然人的驻地。众将疑心前面有重兵埋伏，不肯继续前进。太武帝也吃不准敌情，迟迟下不了决心。寇谦之想起崔浩此前的提醒，极力劝太武帝大胆出击。但太武帝可能觉得前面打得太顺，担心自己犯轻敌冒进的错误，犹豫了很久，还是没能马上进攻。

后来，北魏军抓到的柔然俘虏供称：当时柔然首领正在生病，逃跑时身边仅有数百人，柔然部众与牲畜散布在方圆六十里，处于无组织状态，跑了六七天后发现北魏军没有追来，才重新聚拢。假如北魏军按照寇谦之的建议再追击一两天，柔然残部就会全军覆没。

得到这个消息后，太武帝对自己当时的患得患失懊悔不已，同时也对崔浩更加佩服了。

一念之差放跑了大批残敌。虽然这个失误不足以让柔然人死灰复燃，但毕竟是与唾手可得的全胜擦肩而过，怎能不让能征善战的太武帝感到懊恼呢？

与之形成鲜明对比的，是太武帝拓跋焘的爷爷、北魏开国君主、道武帝拓跋珪。道武帝曾经也讨伐过柔然人。柔然人畏惧其锋芒，没有与北魏军正面交战，一接触就撤退。道武帝率军追击五六百里，仍然没有追上柔然的主力部队。北魏军的粮草已经快见底了，士兵们也十分疲惫。于是，众将都通过左长史张衮请求回师。但道武帝反而让张衮询问各部将领，如果杀掉备用的战马，能否凑够三天的军粮。在得到肯定答复后，道武帝下令继续追击，终于在南床山追上了柔然的主力部队，一举将其击破。

事后，道武帝解释说："柔然人已经逃跑了好几天，牲畜剩下的不多，所以必定会找水草丰茂的地方休整。我算了算路程，南床山是柔然人的必经之路，三天时间刚好能赶到那里，所以才要求你们以轻骑追击，攻其不备。"

相对而言，太武帝讨伐柔然的条件，比他爷爷道武帝要有利得多。道武帝的部队的粮草与体力已经快到了极限，太武帝的部队不仅士气正盛，而且粮草很充足。结果，道武帝力排众议大胆地冒险追击，最终克竟全功；遗憾的是，太武帝却因为自己的患得患失而错失良机，没能一鼓作气解决问题。

"兵家亚圣"吴起说："用兵之害，犹豫最大；三军之灾，生于狐疑。"犹豫不决的心态会让指挥官错判形势，错失良机，甚至被敌军抓住破绽打败。其实，无论在哪个行业，做什么工作，患得患失的迟疑心态都会给人们带来极大的麻烦。

从根本上说，患得患失的症结来自于焦虑情绪压制住了理智。虽然焦虑不像愤怒那么急促暴烈，但同样会让人陷入情绪失控的状态，无法对事情做出冷静的判断与果断的取舍。

有些爱焦虑的人性格比较暴躁，被大家认为是典型的坏脾气。他们在语言与行动上的不耐烦，都是在把焦虑情绪转嫁给他人。而患得患失的人，表面上看起来脾气不大，但实际上已经在不知不觉中屈服于自己心中的焦虑情绪。

他们害怕失败，所以试图找出一切可能导致失败的不利因素。这在无形中给自己施加了更多的心理压力。唯有事情滴水不漏地圆满解决时，患得患失的人才能暂时稍感安心，但很快又会找到下一个焦虑源头。

他们常常为早就结束的事情而烦恼，后悔自己当初不够果断。可是面对正在发生的事情，他们照样会因为焦虑而患得患失。不愿承受失败，唯恐控制不住局面，所以患得患失的人总是三思而后行，然后再摇摆不定。夸大客观事实是他们的拿手好戏。如果发生了某个并不影响大局的小插曲，患得患失的人就会马上加深焦虑。因为这会让他们感到自己失去了对事情的掌控。尽管他们也知道不可能事事完美，但就是控制不住那股想否定自己的负面情绪。

在旁人看来，许多患得患失的行为简直不可理喻。该怎样做决定，无非遵循两条原则：一是两利相权取其重，二是两害相权取其轻。道理虽然简单，但做起来却不那么容易。那些因为患得患失而情绪失控的人并非不懂这些道理，真正困扰他们的是不能确定自己的认识是否合理。

法国经院哲学家布利丹讲过一则哲学寓言：有一头聪明的驴子，站在两堆同样数量与质地的稻草中间，它由于无法判断到底哪一堆稻草更好，所以迟疑不决直至活活饿死。因此，那些优柔寡断的人也被称为“布利丹驴”。人们在决策过程中患得患失、举棋不定的现象，被称为“布利丹效应”。

前面提到的太武帝，就是一个很好的例子。他很清楚大胆追击的话就有可能彻底消灭柔然的残部，若是犹豫不决就有可能前功尽弃。但他也很清楚，历史上因骄傲轻敌而中埋伏的教训。如果真的不幸中了埋伏，之前的辉煌胜利同样会前功尽弃。两种不同的举动，都会带来风险。相对而言，暂缓出击至少能保住现有的胜利果实，大胆追击则有可能满盘皆输。

最终，犹豫不决的太武帝还是过于担忧追击的风险，没能正确判断出柔然人实际上早已无力反击的形势。这个案例表明，人一旦让焦虑情绪占了上风，就会失去应有的清醒。

大卫斯商业学院创办人柏莱克曾经说过：“人们所担心的事情，99%不会发生，既然如此，那为不会发生的事情而整天忧虑不是很愚蠢吗？”所以说，我们完全没有必要让自己活在无谓的焦虑中。

通常来说，优柔寡断的人一开始看起来没什么坏脾气。但这只是因为他们受到的压力还没达到峰值，还能勉强克制自己不主动把焦虑情绪施加给他人（但旁人还是会感受到他们的焦躁不安）。随着时间的推移，他们会因为过度焦虑而做出越来越多的错误决策。害怕挫败却招致更多挫败，这种恶性循环又反过来加深了他们本来就不容易排解的焦虑。于是，焦虑感不断累积，心情越来越糟糕，终有一天他们会完全失去耐心与信心，养成怨天尤人、动辄泄愤的坏脾气。

所以说，如果你想保持好脾气的话，就要努力改掉患得患失的毛病。其中的关键就是不要焦虑过度，要用更轻松坦然的态度来处理问题。不然的话，强烈的紧张感会让你头痛不已，内心备受自己的焦虑煎熬，从而导致情绪失控。

3分钟自我调节

1. 回忆一件让你犹豫不决的事情。
2. 想一想自己当时患得患失的原因。
3. 回想一下自己有没有因为举棋不定而对别人发脾气。
4. 分析一下最后促使你做决定的因素是什么。

越是缺乏自信的人，越会急躁冒进

30秒自我定位

以下得成功的方式你更认同哪种？

A. 不择手段地找捷径，只要能快速取得进展就好

B. 制订长期规划，再一步一个脚印地执行，不问速度，只求稳固

C. 一边积蓄力量一边寻找机遇，积蓄力量时稳扎稳打，抓住机遇时动如脱兔

这个世界上有两种人最沉不住气：一种是急于求成的人，另一种是优柔寡断的人。急于求成的人容易冒进，不等饭煮熟就开锅，只能硬着头皮啃夹生饭；优柔寡断的人看似不急躁，但往往会屡屡推翻自己之前的决定，摇摆不停，没个定性。

尽管外在的表现差别很大，但两者的症结其实同出一源——被焦虑剥夺了自控力。尤其是前者，很容易出现情绪失控的情况，养成令人反感的坏脾气。

急于求成的人，通常性格比较暴躁苛刻。由于头脑完全被焦虑情绪主导着，他们总是对还没搞定或尚未出现的事情感到不安。为了消除这种不安全感，他们很容易变得冒进，甚至病急乱投医。这样反而增加了失败的

概率，更容易导致局面失控。

东汉光武帝刘秀善于用兵，但也有“智者千虑，必有一失”的情况。

建武十九年，单臣、傅镇等人装神弄鬼，造谣生事，他们率众攻入了原武城，劫持了官吏百姓，自封为将军。光武帝派云台二十八将之一、平定蜀地的臧宫去讨伐。臧宫率领精锐的北军与黎阳营驻军数千人攻打原武城。但单臣与傅镇顽抗到底，汉军伤亡很大，却迟迟不能攻克。

臧宫没法速战速决，但也没法改用长围久困的战术。因为原武城内的粮草非常多，足以让敌军坚守很久。臧宫无计可施，光武帝也一时想不出办法，只好召集群臣开会讨论。

三公九卿与诸侯王大多认为，应该重金悬赏单臣与傅镇的首级，这样就能激励军民奋勇杀敌，攻破城池。然而，年仅十六岁的东海王刘庄（即后来的汉明帝）提出了不同意见。

刘庄指出：“战事不顺就是因为我军围城太紧，进攻太急。原武城里人心惶惶，肯定有后悔参与叛乱而想逃亡的人。但我军把城外围得水泄不通，他们想逃也逃不出去了。应该让部队稍稍后撤，留出一条生路以便城内的人逃亡。逃亡的人一多，敌酋就无力再顽抗，只需要一名小小的亭长就能将其逮捕。”

光武帝采纳了儿子的建议，传令让臧宫撤出部分兵力，给包围圈留个缺口。果然，叛乱队伍无心死守，分散逃亡。臧宫很快就率兵捕杀了带头作乱的单臣、傅镇。他因为这次战功被升任为城门校尉。

刘秀与臧宫都是身经百战、扫平天下的用兵老手，却被小小的原武城给卡住了。可见急于求成的心态会让聪明人失去平时应有的才智。少年刘庄察觉了光武帝君臣的躁进心态，便提出了放缓节奏，让敌人放弃困兽斗的心理战术，结果反而让战事更快、更轻松地完满结束了。

有的人是天生性格急躁冒进，有的人则是被形势逼急了。但不论是哪种情况，本质上都是信心不足的表现。

下过象棋或围棋的朋友大概都有过这样的经历。当遇上比自己强的对手时，就会变得紧张焦急，迫不及待地想找出能一下子击垮对手的破绽。因为你觉得局面不在自己掌控之下，随时都可能兵败如山倒，所以心急火燎地拼命找突破口。当遇上比自己弱的对手时，心态就会很轻松愉快，不由自主地放缓动作。因为你觉得自己掌握着主动权，就算不能立刻搞定对方，也能笑到最后。

换言之，人在不够自信时容易急于求成，在高度自信时往往会表现得淡定自若。那些急躁冒进的人，都非常害怕失败，焦虑情绪超过了自己的精神自制力，结果焦虑过多导致情绪失控，理智从头脑中"翘班"，整个人说话做事都会偏离正常状态。

需要注意的是，这里说的不够自信更多的是一种心态问题，不一定符合客观情况。准确地说是自我评估缺乏信心。

有的人哪怕占尽优势，也会莫名其妙地缺乏必胜的信念。而有的人则恰恰相反，哪怕处于危如累卵的逆境，照样相信"星星之火，可以燎原"。后一种人具备百折不挠的韧劲，也有持久抗战得胜利的觉悟。所以，他们不会轻敌冒进，而是一步一个脚印地做好每一件事，积累小胜为大胜，让胜利变得水到渠成。前一种人则不然：形势顺利时就无视客观条件限制，恨不得一口吃成胖子；稍有不顺时就患得患失，把心中的焦虑不安转化成人人反感的坏脾气。

东吴名臣诸葛恪是诸葛亮的侄子，以机智善辩著称。他曾力排众议，按照自己的谋划解决了困扰东吴多年的丹阳山越问题。

在辅佐少主孙亮时，他广施德政，减免赋税，民望极高。魏国大将军司马师想趁吴主孙权新丧进攻局势不稳定的吴国，诸葛恪临危受命，在他的亲自指挥下，吴国取得了东兴大捷，其个人威望也达到了最高点。

但从此以后，诸葛恪变得骄傲轻敌，越来越急功近利。

他不顾国力空虚、士兵疲惫等不利因素执意北伐曹魏，群臣纷纷劝阻，包括与他关系很好的丹阳太守聂友。诸葛恪不听，特意写了一篇文章来反驳众人。他对聂友说："尽管你的话不无道理，但看得不长远。读了我的文章就会懂的。"

于是，诸葛恪发兵二十万攻魏，搞得吴国百姓疲惫不堪。他采纳部将的意见，围攻魏国新城。魏国牙门将张特只有三千士兵，双方力量悬殊，但吴军也未能拿下新城。诸葛恪很生气，督促士兵强攻。张特见城墙毁坏，快守不住了，于是采取缓兵之计，假装投降。诸葛恪暂停进攻，谁知张特连夜把城防工事修补好，第二天又放话要决一死战。

恼羞成怒的诸葛恪再次下令强攻。但战事迟迟没有进展，吴军有半数以上的士兵因疲劳、天气、饮食等困难而生病。各个军营的军官都来报告伤亡情况，但已经失去理智的诸葛恪对众将说，再敢谎报军情就斩首示众。于是大家都不敢再如实汇报了。

自从少年成名以来，诸葛恪一直顺风顺水，给人料事如神、英明果断的印象。他也因此变得越来越爱面子，越来越输不起。

实际上，他早已经意识到自己的失策了，但又觉得连一个小小的新城都攻不下来，太有损自己的智者之名。他非常害怕失败，却想不出太好的解决办法，只能硬着头皮继续蛮干，焦躁愤怒都写在脸上。

吴军众将都看出了问题所在。将军朱异提出了不同的意见，马上被诸葛恪撤销了指挥权。都尉蔡林多次献计献策，但刚愎自用的诸葛恪一律不听。这使得吴军诸将与主帅诸葛恪之间的矛盾越来越深。

都尉蔡林一怒之下投降了魏国。魏国得知吴军疲惫不堪的实情之后，马上派司马孚、毌丘俭等将军火速进兵，与新城守军内外合击，赢得了这场战争的胜利。

诸葛恪劳而无功，被迫撤退。吴军士兵因染病而大量减员，道路上到处都是叫苦连天的伤兵。有些人死在回师途中，有的被追击而来的魏军所俘虏。令人心寒的是，诸葛恪不知是为了掩饰不安而故作镇定，还是根本没把这些悲惨的士兵放在眼里，始终保持安然自若的样子。

按照正常的节奏，失败者应该痛定思痛，总结教训，先休养生息以待东山再起。但诸葛恪已经完全处于情绪失控的状态，该安然自若的时候气急败坏，该悔恨反思的时候像没事人一样。此时的他，早已不是那个机智善辩、料事如神的诸葛恪，而是一个刚愎自用、胡乱作为的可怜人。

兵败之后，诸葛恪不顾全军士气低落，在江渚驻扎了一个月，后来又不切实际地打算到浔阳去屯垦。直到朝廷发了很多封诏书召他回去，他才慢吞吞地带兵撤回。新城惨败让吴国高层痛心，诸葛恪不体恤将士的做法，更是令吴中百姓怨恨不已。从此以后，他不再被朝野看好。

更糟糕的是，诸葛恪一回吴国首都建业就把负责收发皇帝诏令的中书令孙嘿叫来骂了一顿。明明是他自己不服从命令及时赶回，反而责怪中书令滥发诏书。孙嘿不敢与气焰嚣张的诸葛恪呛声，只好告病辞官。

诸葛恪犯的另一大错误是，把北伐魏国后选曹奏准任命的各级官员统统罢免，重新选任。后来他动不动就对人横加责备，脾气越来越坏。

吴主孙亮对诸葛恪深怀不满，而与诸葛恪共受孙权遗诏辅政的宗室大臣孙峻也趁机诬告他意图谋反。于是孙亮与孙峻摆下鸿门宴，诛杀了烦躁不安的诸葛恪。

我们不难察觉，诸葛恪在后半生已经不再是那个自信满满的睿智青年。他的坏脾气恰恰是源于对自己失去信心的焦虑情绪。

为了克服这种不安全感，他在色厉内荏的道路上越滑越远，越是装腔作势，越显得六神无主、焦躁不安。连举世公认的聪明人都会因为情绪失控而大失水准，这个教训不能不发人深省。

成功能给我们带来更多的自信心，失败则会让人陷入自我怀疑。但缺乏信心的人很难承受挫折，坚持到成功那一天。

其实，成功是一个水到渠成的结果。需要时间，需要积累，需要耐心与恒心，最不需要的就是失控的焦躁情绪。不妨把急于求成的心念丢到身后，脑中只想着要做和该做的事，一步一步做下去。当你蓦然回首时，说不定会发现成功来得比自己预想的更早。

3分钟自我调节

1. 想一下自己最近有没有因为某事不顺而感到焦躁。
2. 对比一下过往的成功经验，看看自己是否急于求成了。
3. 主动放慢脚步，检查工作是否存在疏忽。
4. 告诫自己，再焦急也不要对别人生气，要保持温和的说话语气。
5. 可以在经常看得到的地方贴“欲速则不达”之类的提示纸条。

焦虑如同雪球，会越滚越大

30秒自我定位

你会经常出现以下情况吗?

A. 无缘无故地感到害怕

B. 容易心里烦乱或觉得惊恐

C. 感觉容易衰弱、疲乏或消化不良

假如没有出现以上几种情况，恭喜你，精神状况调节得很好，焦虑情绪比大部分人都少。这在生活压力日益加大的今天，并不容易做到。毕竟，焦虑是一种很容易产生的情绪。只要某些琐事不顺，就可以让人心生焦虑。只不过，有些人很快就能用更积极的情绪覆盖掉这种负面情绪，有些人则会让焦虑越积越多。

司马懿与诸葛亮可谓将遇良才、棋逢对手。两位奇才的对决并不像三国前期的官渡之战、赤壁之战那么惊天地泣鬼神。他们打的是拼耐心、拼韧劲的消耗战，没有太多奇正相生的变化。

面对蜀汉丞相诸葛亮最后一次北伐，魏国大将军司马懿采取坚壁拒守的方针。二人相持了一百多天。诸葛亮多次挑战，甚至派人给司马懿送去妇人的衣物来羞辱他。但司马懿不为所动，只是为了平息部下们的不满才假装发火，上表请战。魏明帝明白他的心思，就派出骨鲠之臣辛毗持节来当大将军的军师，明为节制其行动，实为帮司马懿约束众将。当诸葛亮再次挑战时，司马懿假装准备带兵出战，辛毗持节就站在军门阻止出兵。

诸葛亮看破了对方的意图，但也没想到好办法，于是分兵屯田，打算在前线长期屯驻。

尽管双方都处于遥遥无期的对峙中，但俩人的心态完全不同。司马懿之弟司马孚写信问前线的情况。司马懿胸有成竹地回信说："孔明志向远大而不善于把握时机，足智多谋却不善于做决定，喜好兵事但不善于应时权变。他虽然提兵十万，但已经落入我的计划中，打败他是必然的事。"

没过多久，诸葛亮又派人来约战。司马懿问使者："孔明先生最近的起居饮食如何？一顿饭能吃多少？"使者回答："丞相一顿只能吃三四升米。"司马懿又问："孔明先生怎样处置军务和政事？"使者回答："凡是杖责二十军棍以上的处罚，都是丞相亲自披阅的。"

使者离开后，司马懿对众人说："诸葛亮命不久矣。"果然，诸葛亮就在当月病故于五丈原。蜀军秘不发丧，有序撤退。司马懿得到情报后派兵追击，蜀将杨仪返旗鸣鼓，做出迎战的姿态。司马懿则以"穷寇勿追"为由撤退。于是时人都讥笑道："死诸葛走生仲达。"

谁知司马懿不但没生气，反而笑道："这是因为我善于判断活人的事，不善于预测人之生死啊。"

"出师未捷身先死，长使英雄泪满襟。"诸葛亮的悲剧令人扼腕。他与司马懿旗鼓相当，但情绪处理能力远逊于对手。除了客观因素外，这是决定二人对战结果的关键因素。

虽然双方一直打成平手，但作为攻方的诸葛亮比处于守方位置的司马懿要焦虑得多。一方面是因为司马懿耗得起持久战，诸葛亮越拖越不利；另一方面是因为二人本身的性格差异。

司马懿问使者诸葛亮的饮食起居与处理事务的状况，其实是推算对方的焦虑程度。诸葛亮为人认真谨慎，责任心超强，又喜欢事必躬亲，这种性格最容易产生焦虑情绪。一顿三四升米的饭量已经大大少于三国时普通人的食量。这说明诸葛亮的心情已经糟糕到吃不好饭的程度，营养摄入量必然不足。与此同时，他作为将兵十万的三军统帅，却连杖责触法士兵二十军棍这种琐碎的军务都要亲自处理，必定会大大增加工作量，导致身体消耗更严重。不肯放权于下，凡事只有亲自过手才安心，恰恰是焦虑过头的常见表现。

因此，司马懿大胆猜测，诸葛亮心中的焦虑情绪如同滚雪球一样积重难返，健康状况不足以支撑他继续作战。事情的确如他所料，诸葛亮最后败给了时间，准确地说是败给了自己的焦虑，比对手提前离开人世。

焦虑是一种非常耗费精力的负面情绪。诸葛亮修养好，没有对部下乱发脾气，但他实际上是把压力全部由自己承担下来。不泄愤于人，却加倍苛求自己。这使得诸葛亮的心理状态长期处于恶性循环中，让自己越来越身心俱疲、才智枯竭。

而那些不善于控制脾气的人，往往是通过把情绪转嫁给他人来缓解焦虑的。这比诸葛亮自己默默忍着的处理方式对自身伤害稍微小一些，但也好不到哪里去。张飞脾气火爆，稍有不顺就鞭打部下出气。尽管他能暂时顺气一点，但终究只是扬汤止沸，把自己惯出更加坏的脾气。

所以说，要想排解焦虑情绪带来的负面影响，既不能靠一个人独自扛着，也不能靠拿别人撒气。

从某种意义上说，焦虑是人们对现实中的威胁或挑战的一种情绪反应。当现实中的威胁或挑战消失的时候，焦虑也就会迎刃而解。比如，考生在考试之前都会有不同程度的焦虑感。除非考试成绩完全不影响自己获得录取资格，就算再有把握，人都会本能地对哪怕只有1%的失败风险怀有警惕，不让自己过于松懈。而考完试之后，考生会暂时恢复放松状态。发榜之前，焦虑指数再度达到峰值。如果榜上有名，自然是喜出望外，焦虑情绪飞至九霄云外。

由此可见，排解焦虑情绪的根本还是消除压力源头。如此一来，就形成了一个有趣的循环。为了某个有待解决的问题而焦虑，想要彻底消除焦虑就必须努力想办法解决问题。倘若无法找到解决办法，就会变成“越没辙越焦虑，越焦虑越没辙”的恶性循环。如果找到了可行之法，就可以保持平和的内心，从而轻松化解焦虑情绪。

也就是说，关键在于提高我们的认知水平与谋划能力。

在三国群英中，拖垮诸葛亮的司马懿，可以说是心理素质最强的一位。他辅佐曹魏四代国君，多次出谋划策，总是表现得比其他人更加情绪稳定。其中奥妙无他，想得出对策，自信能摆平问题，自然没必要感到焦虑。

孙权进攻合肥时，魏军调动大部队去增援淮南。蜀汉名将关羽趁机北伐襄阳与樊城，包围了魏国名将曹仁、水淹名将于禁的部队。魏国荆州刺史胡修与南乡太守傅方也投降蜀国。

汉献帝所在的许都临近樊城，关羽随时可能进犯。吴蜀同时北伐让魏军顾此失彼。曹操对此很惊恐，打算迁都河北。曹操在年轻的时候意气风发。他与张绣作战时，遭到刘表的夹击，被迫撤退。张绣穷追不舍，曹军非常被动，但曹操却在给荀彧写的信中称：“虽然敌军一直在追击，我军每天只能行动数里，但只要一到安众地带，肯定能打胜仗。”与当年的自信满满相比，此时的曹操可谓惊慌失措。

好在此举遭到司马懿与蒋济的强烈反对。司马懿认为，迁都等于向敌军示弱，会让魏国淮河、汉水一带民心不稳。尽管吴蜀都在攻魏，但关羽坐大之后，一直心心念念想夺荆州的孙权肯定心存忌惮。不如把这件事告诉孙权，让他来牵制关羽，就能让樊城的包围圈不战而解。结果，东吴大将吕蒙趁机夺取荆州，杀了关羽，还引发了吴蜀之间的恶战。魏国不出一兵一卒，就解救了樊城之围，甚至得到了拆散孙刘联盟的战果。

假如曹操一味固执地要求迁都，也许这些好消息就不会出现了。曹操足智多谋、杀伐果断，但焦虑过度的他患上了剧烈的头痛病，思考能力大大下降，没法再像司马懿这样做出冷静的判断了。

爱焦虑的人往往有常备不懈的好习惯，但由于他们不懂得怎样做到一张一弛，让精神过于绷紧，从而变得更容易疲劳。而精神疲劳最容易导致松懈的情况，反而降低我们思考和解决问题的能力。压力源无法根除，焦虑情绪自然会源源不断地冒出来，让你陷入恶性循环的怪圈。

3分钟自我调节

1. 无缘无故感到害怕时，多想想以前的成绩，给自己打气。
2. 心情烦乱时要减少思虑，思虑过度者更容易犯焦虑症。
3. 如有条件，暂时远离压力源，把注意力转移到一些让自己感到轻松的事情上。
4. 不要去管不需要你亲自负责的琐事。

焦虑是因为想太多还是想得不够

30秒自我定位

以下哪种情况最会让你感到焦虑?

A. 想了很多却找不到头绪

B. 遇到意料之外的突发变数

C. 发现此前忽略的潜在问题

按照大家的直觉，焦虑似乎在大多数情况下可以与“想得太多”画等号。这种感觉自古以来就很接地气。

杞人忧天的故事，现代人看起来可能感觉挺可笑的。杞国有个人整天担心天塌下来会压着自己。邻国的人看不下去，就告诉他说天与日月星辰都是自然之气形成的，掉不下来，就算掉下来也压不死人。这才让他放下焦虑过度的心。

从表面上看，杞人忧天是因为“脑补”过度，瞎想了很多不存在的情况。但这则寓言的背后，隐藏着先秦天文学的两种学说之间的较量。杞人之所以忧天，是因为信奉“盖天说”，以为天像陨石一样是个巨大无比的固体。邻国的人则信奉春秋战国一度很盛行的“宣夜说”，相信天与日月星辰都是“气”构成的，故而根本不担心天会塌下来。

也就是说，并不是邻国人想得太少，杞人想得太多，而是后者的认知水平不足，考虑的方向有偏差。

前面提到过，焦虑是对现实威胁的正常反应。假如对解决压力源头有充分的把握，人们就会以更加轻松愉快的心情来对待。焦虑更多是由于内心缺乏十足的把握而产生的。因为吃不准自己的判断是否准确，担心自己的决定不靠谱，于是就花更多的精力去琢磨相关事宜，反复检查自己有无疏漏。

有的朋友也许遭遇过这种经历：出门走到半路，突然想不起自己有没有锁门，总觉得像是没锁，甚至灯也忘了关，于是又返回家检查。结果，灯关了，门也锁了，只是虚惊一场。

产生这种错觉多半是由于你在锁门时心里想着其他事，脑子没明确发出锁门的指令，所以没产生相关记忆，但身体会按照平时的条件反射自动完成锁门动作。这其实是人类经过几百万年进化出来的一种功能，以减轻大脑的工作量，使其可以把更多精力放在处理更复杂的问题上。

这种情况在平时爱焦虑的人身上更加常见。其他人在身体状况不佳或压力增大时，也可能产生这类行为。这也从侧面说明他们的焦虑指数有所增加，不像平时那么情绪稳定、头脑清醒。

看过《三国演义》的朋友，大概对赤壁之战的印象很深。曹操因为轻敌而大败。在逃亡过程中，曹军死伤惨重，哀号不断。但曹操每到一处险要之地，都还会哈哈大笑，说如果诸葛亮在那里埋伏一支人马他肯定无路可逃。然后话音刚落，真有伏兵杀出……这个细节反映出曹操一贯的乐观精神。

赤壁战败后，曹操又西征凉州，打败了马超等军阀。但不久后，他与刘备争夺汉中失败，又遇到关羽突然进攻襄阳、樊城。曹操不断派兵增援，但连连受挫，于是失去了信心。他甚至动了迁都躲避关羽的念头，但被司马懿等人劝住了。

此时的曹操已经不复当初的乐观心态，常因焦虑过度而头痛难忍。他身经百战，多谋善决，但晚年却连吃败仗，无计可施。这种巨大的落差，使得曹操的作风由进取转为保守，做出了不少错误的决定。

吴蜀反目开战之后，魏国重新掌握了主动权。但曹操心中的焦虑不安并没因此减轻，而是更加疑神疑鬼。他突然觉得荆州遗民与颍川地区的屯田兵民离吴国太近，想把他们迁离南方以避免被吴国拉拢。自古以来，历代王朝为了安边常常大搞移民实边，加强边疆的力量。曹操却想把边民内迁，让边疆空虚，无疑是个大昏招。

这次又是司马懿进言劝止。他认为，荆楚地区的民众性格容易躁动，难以安抚，关羽攻打荆州，那些惶恐不安的民众就会藏匿流窜以观望形势。如果把那些留在故乡的善民也强行迁走，就会伤害他们的情感，会让那些避难的人也不敢再回故乡。幸好，这次曹操又冷静下来了，采纳了司马懿不移民的主张。那些藏匿逃亡的民众果然都在局势安定后纷纷回到故乡。

在这个案例中，曹操的确是“想多了”，焦虑过度，但他并没有“想透”。

他担心的情况并不是出于对荆楚地区的充分了解，而是自己想象中的危机。这固然有荆楚位于三国拉锯地带，局势不稳定的因素，但也反映出曹操对治理此地已经智穷，缺乏当初平定北方的雄心壮志。

司马懿的清醒不是毫无根据的，恰恰建立在充分了解边情的基础上。所以，他不会像年迈的曹操那样因为过于焦虑而考虑太多并不存在的威胁。这使得他可以更准确地把握问题的关键，减少不必要的考虑方向。

换句话说，当你看问题看得更透彻时，就能锻炼出化繁为简、以简驭繁的能力，以更少的思虑换取更大、更好的效果。

因思虑过度而产生的焦虑情绪，可以用减少思虑的办法来缓解。但这只是一时之计。问题并不会因为你放弃思虑而自动解决。缓过这一阵之后，你还是不得不从头开始琢磨尚未解决的压力源头。如果此刻神经过于绷紧的话，这个办法可以暂时治标，但终究还是要走到治本这一步——提高思考的效率。

做成某件事离不开一些主客观条件，但事前谁也不能确定是否一切都能按照“正常计划”来进行。总有许多意外变数会闯入，促使我们不断调整原定计划。容易焦虑的人，为了在事前预防各种变数，就会在不知不觉中思虑过度，把困难想得过多，给自己造成更大的压力。

曹丕即位后也犯了跟曹操同样的错误。因为关羽之死，吴蜀交恶，孙权率领大军西进，途经曾经被关羽攻打的襄阳、樊城。魏国群臣大多认为这两座城池缺少粮草，无力抵挡吴军攻城，不如召回守将曹仁移防宛城。司马懿反对这个提议。他认为：“孙权刚杀死关羽，不敢两面树敌，正是想与我方结好的时候，肯定不会攻襄阳。而且襄阳是水陆交通的要地，不应该放弃。”遗憾的是，曹丕担忧过度，还是让曹仁一把火烧毁了襄阳和樊城。谁知孙权根本就没有入侵的打算，曹丕为白白自毁两城而后悔不已。

相比之下，魏明帝曹叡的处理就成熟多了。

魏国辽东太守公孙渊叛变，自称燕王，勾结鲜卑，南联孙权。于是，魏明帝派司马懿去讨伐。在出兵前，魏明帝问司马懿：“据你推测，公孙渊可能会用什么样的对策应战？”司马懿分析道：“弃城逃走是上策；借助辽水天险阻挡我军是中策；假如他坐守襄平城，那就注定要成为我的俘虏了。”魏明帝问：“公孙渊会采取哪一种策略？”司马懿说：“只有智者才懂得正确评估敌我的实力。公孙渊不是这种人，所以不会采取上策。他肯定认为我军这次远征难以持久，先采取中策在辽水抗拒，再采取下策退守襄平。”魏明帝又问：“平定此次叛乱需要多长时间？”司马懿说：“去一百天，回一百天，交战一百天，用六十天来休整，一年时间足矣。”

后来，战况与司马懿预判的差不多。公孙渊派兵在辽水边上构筑壁垒设防，司马懿以声东击西之计率主力秘密渡过辽水，直扑襄平。魏军包围襄平后，天气变坏，连降大雨，辽水暴涨。司马懿力排众议，既不迁营，也不出击，将计就计，故意示弱。

群臣听说天气恶劣导致战事进展迟缓，纷纷请求召回司马懿。辽东不安稳的问题已经困扰了曹魏几十年，很多人不看好司马懿能做到一战平定辽东。但魏明帝不为所动，反而说："司马懿遇到危险情况时善于灵活变通，擒获叛臣公孙渊指日可待。"

大雨下了一个多月后终于停了，魏军也完成了对襄平的包围。司马懿经过一系列激战，消灭了盘踞辽东多年的公孙家族，真的像事前预料的那样在一年内圆满完成了任务。

在这个案例中，司马懿能力排众议是因为有成竹在胸。年轻的魏明帝面对群臣请求罢兵的提议不为所动，是因为之前与司马懿进行了充分的沟通，确信司马懿一定能完成使命。这种高度的信任建立在双方充分了解彼此的基础上。魏明帝不像祖父曹操与父亲曹丕那样遇到棘手问题就惊慌失措，一方面是因为本身性格不那么爱焦虑，另一方面也是因为在司马懿的讲解下看透了辽东问题的关键。这样一来，他就完全没必要让焦虑不安吞没自己了。

3分钟自我调节

1. 遇到自己想不明白的事情时，不要急于做决定。
2. 如果没把握，不要闷头冥思苦想，要积极请教自己信任且擅长相关领域的人。
3. 认真听取他们的专业意见，不要再过多思虑。
4. 养成多咨询专家而少闷头瞎想的好习惯。

抛弃多余的忧虑，只为当下而活

30秒自我定位

最让你挂心的是什么？

A. 过去的遗憾

B. 现在的问题

C. 将来的隐患

时光匆匆逝去，不舍昼夜，无法倒流。世界万物也在跟着时间不断往前走，唯有死亡才能真正让我们停下匆匆的脚步。

楚国有位叫接舆的狂人曾经高呼："往者不可谏，来者犹可追！"恰好路过的孔夫子本想下车与这位特立独行的陌生人好好聊一聊，但接舆转眼就不见人影了。这句哲言的意思是，过去的事情已经无法挽回，未来的事情还来得及追赶。接舆的本意是劝孔夫子放弃过时的周礼，不要执着于复古运动。但这十个字本身拥有超越时空的哲学意义，永远警示着世人不要沉湎于过去，而应立足今后的生活，把握好此时此刻。

话是这样说，但能做到这一步的人，免不了要经历一番身心磨炼。有些人终其一生都不能摆脱瞻前顾后的焦虑症。他们常因过去的失误而懊恼，又因担心重蹈覆辙而对未来充满恐惧。无论怎样，就是没能好好活在当下。

经济学界有个专业术语叫作“沉没成本”。我们对某事做出了行动，由此已经花费的不可回收的时间、精力、财物等支出就是“沉没成本”。例如，程序员花费一个多月时间编写了一个新程序，那么这一个多月就算是他的“沉没成本”。无论这个新程序是否被公司运用，程序员付出的这一个多月的心血都是无法改变的。假如他因此得到了奖金与赞誉，也只是用新的收益抵消了“沉没成本”；假如他的成果被弃用，那么这些“沉没成本”就无法抵消，导致他面临入不敷出的困境。

“沉没成本”问题如果处理不当，可能产生两种误区：

第一种是，因为害怕“沉没成本”的不可回收性，不敢大胆对未来投入资源。

这种情况俗称“顾虑太多”或“前怕狼后怕虎”。“焦虑”与“顾虑”是两个词，但在很多时候指向同一个意思。说白了，都是对某种压力的担忧。焦虑主要是源于事实上的现实压力，而顾虑可能来自于“想象中的现实压力”。

作家萨苏的本业是IT工程师。他曾与一位姓熊谷的高层主管合作一个项目，两个人的思维方式差异很大，经常出现意见分歧。熊谷为人虽然和善，但非常固执。萨苏提出派一位工程师用密码箱装着升级海外某分公司网络系统的软件，熊谷坚决反对，还熬夜写了一份非常认真的关于反对理由的报告。比如，出差人员在机场被商业间谍盯上了怎么办？出差人员所乘的飞机不小心发生空难了怎么办？最后，萨苏及其手下的工程师不得不选择另一种更麻烦的办法来升级系统。

熊谷的焦虑情绪实际上就是因为想象的压力太多，给自己带来更多顾虑。所以为了确保安全，宁可选择成本更高、更费力的做法。从结果来看，旁观者也许觉得最终选择因小失大。但从过程来看，熊谷虽有焦虑过度的嫌疑，但“沉没成本”的不可回收性会在特定情势下让人们变得更胆怯保守。

第二种是，心痛已经投入的“沉没成本”，硬着头皮继续坚持原来的错误，以致损失更多。

与第一种误区过于畏缩相反，第二种误区的问题是像赌徒一样不计后果地投入。赌徒输了第一笔钱之后，为了挽回损失就会追加赌本，哪怕输得倾家荡产，也还是忍不住想靠运气赢回来。这实际上就是执着于挽救不可回收的“沉没成本”，与缘木求鱼的行为没有什么本质区别。

其实这类情况在生活中并不罕见。比如，某个项目进行到一半时发现设计要求已经落后于现实需求。但各单位已经为此投入了巨大的人力、物力、财力，若是就此让项目停止，之前所有的付出都打了水漂。因为不甘心，于是咬着牙继续研制。最终弄出来的是高不成低不就的装备，早知损失更大，当初还不如壮士断腕。

人有很强的思维能力，比其他生物更擅长计算得失。也正因为如此，人更容易被已经过去的事情吸引注意力，舍不得彻底放弃不可挽回的“沉没成本”。

迪士尼公司于2007年出品的3D动画《拜见罗宾逊一家》（又名《未来小子》），讲述了一个天马行空却又充满哲理的故事。

主人公小路易斯是个12岁的天才少年，喜欢捣鼓各种稀奇古怪的发明。他是个孤儿，渴望拥有完整的家庭，为了实现这个梦想，他发明了“记忆扫描机”，并与来自未来的神秘男孩坐上了时光机器，拜访了特立独行的罗宾逊家族。经过了一系列的冒险，小路易斯逐渐领悟了一个道理——“当你停下来哀悼曾经失去的东西的时候，你也正在失去将要得到的东西。”当他真正站在母亲身后时，他放弃了改变历史的机会。因为在此过程中，他看到了自己未来的大家庭。最终，小路易斯没有执着于找回已经失去的母亲，而是选择对悲伤的过去释然，让往事随风而去。

小路易斯最终放弃了追逐“沉没成本”，不再为悲伤的过去而迷茫，重新燃起了对生活的向往。他摆脱了最初的执念，不再忽略身边的风景与前方的道路，从而看到了更广阔的世界。

“当你停下来哀悼曾经失去的东西的时候，你也正在失去将要得到的东西。”这句哲理翻译过来，不就是楚国狂人接舆说的“往者不可谏，来者犹可追”吗？

也许我们过去留下了一些难以挽回的遗憾，也许我们缺少一个完美的起点，也许我们曾经的荣耀正在一步一步褪色。但是，那些都已经过去了。往事无论是好是坏，都如同双手捧起的沙子，怎样用力都会从手指缝里流出去。何必纠缠不放呢？

明朝哲人洪应明在《菜根谭》里说：“人肯当下休，便当下了。若要寻个歇处，则婚嫁虽完，事亦不少。僧道虽好，心亦不了。前人云：‘如今休会便休去，若觅了时无了时。’见之卓矣。”

这段话的中心思想无非是“休了”二字。换句话说，抛弃多余的忧虑，好好活在当下。

在洪应明看来，男女婚配并不代表人生的终结，之后还有柴米油盐酱醋茶等琐事要操心；僧人道士看似脱离红尘得清静，实际上心里还是免不了有七情六欲。这个世界上总有事情等着你去做。如果一件事情已经了结，那就应该放下，不必再挂记。

容易焦虑的人，心中总是放不下石头，尤其是那些让自己感到不轻松的往事。与此同时，他们还会把对往事的纠结内化为过度的忧患意识，投射到对未来的看法中。他们的逻辑是，过去就是因为考虑不周才留下那么多遗憾，所以对未来之事多三分顾虑，才能避免自己再次疏忽大意，重蹈覆辙。按照这种人生观念，无论你处于顺境还是逆境，心头都难有真正的轻松。因为你任由焦虑情绪填满内心，不肯好好活在当下，把握眼前的景色。

做人固然需要足够的忧患意识，也应该具备立足未来的长远目光。但这并不意味着大家只能以“美好的未来”为理由，让此时此刻的自己过得疲惫困苦。在不少人看来，这是在用当下的辛苦换取未来的幸福。

这种观念算是对自己的一种承诺。其实，未来与当下并不是泾渭分明的，无法完全割裂成两大块。“未来”一直在随着时间的流逝不断转化为“当下”。你满脑子想着“当下苦点不要紧，未来的日子过得好就行”，殊不知“未来的日子”在你还没反应过来时，就已经突然驾到。这个时候，你是该按照承诺让自己过得舒适一些，还是继续以“未来”没到为借口不好好善待自己？

未来固然关键，但当下更重要。古人说：“厅堂未扫，不除郊草；白刃加胸，不救流矢。”未来的幸福是远水，解不了你的近渴，平抚不了你心中的焦虑不安。所以，我们更应该活在当下，过好眼前的每一天就等于是替自己储蓄了一份小小的幸福。待到未来出人头地之时，你会发现自己一路走来，日日是好日，收获的幸福是原来的两倍。

3分钟自我调节

1. 昨天的事情只要完结了，无论好坏都放到一边。
2. 只为手头上的事情挂心，不为还没出现的事情忧虑。
3. 正确理解“先苦后甜”的含义，不要在当下亏待自己。
4. 时不时给自己一点小奖励，保持当下的快乐。
5. 不要忽视此刻身边的风景，以免错过正要得到的东西。

第4章 FOUR

别让悲观和抑郁在心里“塞车”

人在困难面前很容易暴露自己的脆弱。愤怒、焦虑、哀伤、抑郁等负面情绪，总是在我们内心脆弱的时候冒出来。其中，悲观抑郁情绪看似最没有波澜，实则比其他负面情绪的影响更加持久。

假如一个人对世界抱着悲观的态度，那么他的脾气很难好起来。因为他会为各种微不足道的事而伤怀，平白给自己增添不必要的烦恼。很多时候，事情本身也许并不真的糟糕。与之相比，人的悲观情绪才是最糟糕的。悲观的人不能充分肯定自己，故而对世界也缺乏信任与宽容，于是变得暴躁易怒。由失望催生的抑郁情绪在他们心中引发了大塞车，整个人都因此消沉黯淡、萎靡不振。有的人甚至选择了自暴自弃，稍微遇到一点不顺心的事就大发雷霆，却又不思改变。当这种悲观抑郁的心理压力过于沉重时，人就会做出更多情绪化的极端举动。

善于控制情绪的人，不仅懂得如何以温和的方式来宣泄压力，也懂得坦然面对生活中的各种不顺。每一个情绪失控的人，都有自己的心结。找出这个心结的源头，就好比是找到了打开心锁的钥匙。不要因为一时不顺而着急上火，也不要因为对世态炎凉感到悲观失望就变得歇斯底里。越是处于黎明前的暗夜，就越该以船员寻找灯塔的劲头来寻找生活的闪光点，这样你才能看到多姿多彩的世界。

你的悲观情绪远比坏事本身更糟糕

30秒自我定位

遇到挫败时，你心里是怎么想的？

A. 抛下一切，远远地逃离

B. 只要还有一口气，就算失败也要证明自己

C. 冷静下来，迟早会有办法的

在很大程度上，一个人的脾气好不好与抗挫折能力息息相关。具体而言，好脾气的人往往不会轻易被挫败弄坏了心情。既然心情没有糟糕到让人失态的地步，自然不会冲着他人乱发火。坏脾气的人则不然，稍微有一点小不顺就暴跳如雷。决定一个人抗挫折能力的关键因素，并不是爱不爱哭，是否在高压力环境中表现紧张，而是看问题是否悲观。

不擅长控制情绪的人，通常更容易悲观失望。倒不是说他们没有乐观的时候，只不过，他们很容易陷入盲目乐观与彻底悲观两极摇摆的不稳定状态。外在表现就是行为十分情绪化，暴躁易怒且灰心丧气，很难保持应有的冷静。

比不利局面本身更糟糕的是我们过早陷入悲观绝望的负面情绪，让整个人都失去了精神支柱。其实，不利局面有时候并没有你想象中那么糟

糕。尽管胜算不多，但若能稳住情绪、冷静思考的话，也未必不能打出个出奇制胜的漂亮翻身仗。

北周时的于仲文以明断无双的智慧著称一时。但他在尉迟迥发动的叛乱中，遭遇了有生以来前所未有的残酷打击。

尉迟迥起兵反叛，对抗北周丞相杨坚。他派部将檀让进攻黄河以南的大片土地，还派人劝于仲文投降。于仲文拒绝了敌军的要求，并击败了尉迟迥的几位部将。尉迟迥不甘失败，派两路大军再次进攻。这一次，东郡有人叛变，与敌军里应外合。于仲文腹背受敌，不得不带着六十多名骑兵弃城突围。他仓皇间连妻子与三个儿子、一个女儿都来不及救出，结果导致家破人亡，随行士兵也阵亡了十之七八，才勉强逃到京师。

得知于仲文的遭遇后，丞相杨坚为他落泪，还任命于仲文为大将军兼任河南道行军总管。于仲文带着大军重整旗鼓，击败了尉迟迥的部将刘子昂、刘浴德后，与仇敌檀让再度相逢。

尽管恨得咬牙切齿，但于仲文没有失去应有的冷静。上次战败并非于仲文指挥有错，纯粹是敌众我寡再加上有叛徒出卖。这一回，他决心要彻底打败檀让，一雪前耻。然则，这一战并不好打。檀让手下有好几万士兵，于仲文的人马在数量上仍处于劣势。北周的士兵们有点信心不足，但于仲文胸有成竹。他克制了心中强烈的复仇欲望，给敌军设了个圈套。

于仲文派出了老弱官兵向叛军挑战。檀让上次大获全胜，很看不起于仲文。当他看到手下败将派出的挑战人马时，以为北周朝廷已经无人可用了，只剩下这些老弱的残兵败将。于是，檀让下令全军出击，一定要生擒于仲文。果然，刚交战没多久，于仲文的挑战部队就顶不住叛军的攻势，纷纷“败退”了。

檀让与他的部下都以为北周官军已经不堪一击，想一口气消灭于仲文。谁知，于仲文看准时机让埋伏已久的两路精兵从左右两侧夹击，充当诱饵的老弱兵马也突然反戈一击。骄傲轻敌的檀让完全没料到这个变数，被打得落荒而逃。于仲文率部斩首七百，俘虏五千余人，并乘胜追击，攻克了被叛军占领的梁郡，又歼灭了数千敌军。

在此之前，于仲文的部队刚刚到达前线。众将官都认为己方军队远道而来，人困马乏，应该休整之后再与敌军决战。但于仲文不听，反而传令三军立即生火做饭，饱餐一顿后就摆开阵势伏击敌军。

打败敌军后，众将官不明其中缘由，便请教于仲文为什么做出看似违反常理的决定。于仲文解释说：“我军将士都来自华山以东的郡县，擅长速战速决，而不擅长打持久战，所以要一鼓作气进军，才能扬长避短。”众将官对此表示叹服。

不得不说，于仲文这个决策很大胆也很冷静。

北周官军从京师而来远征敌军的控制区，无论是人数还是体力都不足以与敌军相提并论。而于仲文又刚刚经历了惨败与失去亲人的痛苦，很容易做出急于求成的错误决定。众将官都对战事感到不乐观，所以普遍想先求稳。但于仲文力排众议，打破人们的常规认识，迅速与敌军开战。与此同时，他充分利用了敌军的轻敌心态，化不利为有利，掌握了战场主动权，从而一举大破难啃的劲敌。

人类史上的常胜将军寥寥无几。而且，就算是战场上一生不败的常胜将军，同样也会在人生的其他方面遭遇形形色色的挫折。换句话说，世上没有不用面对挫折的神人，只有在遇到挫折后不被悲观情绪吞没并继续迎难而上的勇者。

挫折就像细菌一样无处不在。细菌能让我们患上各种疾病，也能激活人身上自带的免疫系统。挫折也是如此，可以让你沦为只会怨天尤人的坏脾气失意者，也可以把你千锤百炼成一块“好钢”。正所谓“艰难困苦，玉汝于成”。

有些事情可能真的超出了我们的能力范围，知难而退是明智的做法。坏脾气的人有时为了跟失败的自己斗气，执着于重复自己的错误。但更多时候，事情未必真的不能解决，只是我们暂时缺乏条件与办法。遇到这种胜负顺逆难料的情况时，我们更应该保持一个好心态，维护自己的好脾气。唯有如此，才能冷静地想出对策，才能耐心地执行对策。

需要注意的是，以悲观情绪面对挫败是灾难，以盲目乐观情绪面对挫折同样是灾难。

被于仲文打败的檀让倒是没有丧失斗志，但他丝毫没有反思自己轻敌麻痹的错误。当得知于仲文发公文要求各州县筹集军粮后，檀让判断于仲文不会马上进兵，所以很从容淡定地杀牛宰肉，犒赏自己的部下。显然，他还是没有把已经占据上风的北周官军放在眼里。他万万没有料到，于仲文就是故意制造自己不会急于进兵的假象，趁着对手犒赏部下而缺乏戒备的时候突然袭击。最终，檀让再次被打得狼狈逃窜。

这时候，尉迟迥的另一个部将席毗罗带着十万大军进犯。于仲文设计占领了席毗罗最初起兵的金乡城，叛军仗着人多势众来进攻。于仲文的兵马虽少，但他背城布好阵势，又设下了伏兵虚张声势。叛军误以为北周官军人数更多，纷纷溃逃。席毗罗被杀，檀让也被于仲文擒获。整个黄河以南的沦陷区都被于仲文平定了。

从一开始的丢盔弃甲到后来打得敌军片甲不留，于仲文的反败为胜不可谓不精彩。其中最根本的是他无论面对怎样的挫折与困难，都没有像部下那样出现悲观畏难的情绪。假如不能保持心态稳定的话，于仲文不可能充分利用对手的心理弱点，想出那么多妙计。

当你身处逆境时，畏难之心是难免的，但万万不能因此变得悲观绝望。那些只会埋怨一切的失败者，就是控制不住自己的悲观情绪，才变成人人讨厌的坏脾气的。假如想让生活变得更好、更顺利，就必须避免这个错误。

3分钟自我调节

1. 不要在行动前就悲观失望，而应该想着怎样做好。
2. 一时挫折是上天在阻止你继续走在错误的道路上。
3. 越是情况未明的时候，就越不能轻易放弃希望。
4. 把每一个挫败当成一次淬火。
5. 远离悲观情绪，才能保持好脾气与好脑筋。

悲观的人不懂得欣赏自己

30秒自我定位

你属于以下哪一种类型？

A. 相信明天的自己会更上一层楼

B. 认为自己大不如前了

C. 不确定自己未来会变成怎样

悲观的人未必是坏脾气，但坏脾气往往隐藏着悲观心态。

比如，那些傲慢自负的坏脾气者，很可能是为了掩盖心中的自卑感而刻意表现出相反的性格特征。他们因为自卑而内心敏感，执着于处处维护自己的尊严。所以，遇到别人的无意冒犯时，他们一般都是怒气冲天、态度粗暴，以求挽回自己的虚荣，克服自卑感带来的不安。从某种意义上说，他们正是由于不能充分肯定自己，才变得暴躁易怒，缺乏宽容心。

悲观情绪不光会让人情绪低落，更会让人否定自己的存在价值，甚至因此坠入自暴自弃的恶性循环。

CNN的创办者、美国传媒大亨特德·特纳开创了媒体行业的无数个“第一”。在他正式继承父亲的广告公司之前，你根本看不出他身上有丝毫成功人士的影子。

特德·特纳的父亲为了把儿子培养成一位伟大的人，逼着他经受种种磨难。比如，在特纳年仅6岁的时候，正逢二战爆发，父亲在海军中服役，但随军家属只有妻子与女儿。小特纳被丢弃在某个军事院校，独自过着寄宿生活。同龄的孩子们不喜欢这个外来者，称他为“可怕的特德”。特纳虽然曾经荣获学校辩论赛冠军，但同学们并没因此对他有所改观，而是继续维持着敌意。在一个孩子最需要温暖与呵护时，特德·特纳不得不在周围人的恶意中生存。这个童年阴影困扰了他的一生，也使得他在很长一段时间内陷入了深深的自我怀疑中。

特纳的父亲固执地认为，缺乏保障的严酷环境可以锻炼人的竞争精神与意志力。所以，特纳一旦出了哪怕一丁点儿差错，就会被父亲用暴力手段管教。这种极端的教育理念，让少年时的特纳吃尽了苦头，自信心大受打击。

特纳喜欢帆船运动，本想考一个靠海的大学。但父亲断然拒绝了儿子的请求，要求他去常青藤名校攻读经济学专业。尽管特纳最终屈从了父亲的命令，但他满心愤懑无法排解，于是开始以自暴自弃的方式来表达自己对生活的不满。特纳荒废学业，整天喝酒、打架、鬼混，最终被开除学籍。他过了一段流浪生活后，回到了父亲开的广告公司，才让人生重新回归正轨。

具有讽刺意味的是，看似强悍且对孩子进行斯巴达式教育的特纳父亲，因公司背负的债务太过沉重而选择了自杀，把烂摊子丢给了年轻的特德·特纳。再后来，临危受命的特纳展现出令众人惊叹的商业才华，创造了远超父辈的成就。

毫不夸张地说，父亲的自杀反而让特德·特纳终于摆脱了长年以来的心理阴影。他并非不想学好，并非不想成就一番事业，但父亲的错误教育方针差点把他变成一个自暴自弃的浪子。特纳因得不到应有的关爱而痛苦，曾经对自我价值抱着很深的怀疑。这使得他一度沦为只会喝酒、打架的暴脾气叛逆青年。

在这个世界上，不知有多少童年缺乏关爱的人没能挺过人生的考验，形成了偏执的人生观与破罐子破摔的暴脾气。他们中不乏隐藏着卓越才华的人，可惜没能得到充分开发，也没能养成积极上进的好习惯，白白浪费了才华。

特德·特纳算是其中的幸运儿。他自幼被父亲搁置在寄宿学校，一直努力提高自己的水平，以对抗周围人的恶意。虽然在大学时堕落了一阵子，退学后又浪荡了一阵子，但他回到父亲的广告公司后，踏踏实实地从销售员开始干起，一步步升迁为经理。特纳止住了自己下滑的势头，对生活不再抱着悲观的态度。

若非如此，他不会在接手父亲丢下的烂摊子时表现得那么镇定，更不会力排众议买下众人眼中的“不良资产”——亚特兰大的一家破产的电视台与另一个城市的一家破产的17频道。而在他刚当上公司新掌门人时，父亲的债主——一个大企业的董事长曾经虎视眈眈地想吞并这家广告公司，结果被特纳巧妙地击败了。

毫无疑问，走出悲观情绪的特纳，已经不再是那个自暴自弃的叛逆小伙了。他已经成长为超出父亲想象的杰出人物。

相对而言，悲观情绪浓厚的人不那么爱惜自己，他们总是在事情还没结束前就判定自己注定要失败。这个心理暗示会让他们更加看轻自己。情绪好不起来，脾气自然也坏得厉害。

美国大企业家约翰·D. 洛克菲勒曾经说过：“我定期提醒自己，你比你想象的还要好。成功的人并不是超人。成功不需要超人的智力，不是看运气，也没有什么神秘之处。成功的人只是相信自己、肯定自己所作所为的平凡人。”

这是句大实话！成功者并非超人，只是懂得欣赏自己的普通人罢了。当你肯定自己的所作所为时，就会迸发出惊人的热情与毅力。当你否定自己的所作所为时，就连把足球踢进空门都做不到。肯定自己，欣赏自己，就不会对生活感到绝望，就不会用坏脾气来掩盖自己无力掌控生活的自卑感。

动不动情绪失控的坏脾气者，其实也可能对自己的坏毛病深恶痛绝。但他们仅仅以憎恨的力量来镇压不够成熟的自己，总是否定自己的一点一滴的小进步。

急于求成反而使得他们提高修养的迫切愿望落空。这又让他们进一步否定自己，痛恨自己的无力。殊不知，正是对自身阴暗面缺乏足够的友善，才会将自己的闪光点也一并否定。由此造成的自我认知矛盾，会把我们心头的伤口撕裂得更大，这种痛苦令人更加心火难消。

美国文学家海明威在《老人与海》中写道：“生活总是让我们遍体鳞伤，但到后来，那些受伤的地方一定会变成我们最强壮的地方。”

尽管海明威的自杀让自己的硬汉哲学蒙上了一层阴影，但这句话本身并没有问题。悲观的人会被伤口拖垮，而坚强的人会战胜伤口带来的痛苦，让它不再成为人生的绊脚石。

总之，一个人要想提高情绪控制能力的话，一定要学会欣赏自己。好脾气的人从来都是与自己和解，充分肯定自己存在的意义，肯定自己所作所为的价值。因此，他们才能以更勇敢、更仁慈、更宽容的心态好好生活。

3分钟自我调节

1. 不要否定自己人生的意义。
2. 不要因为自己暂时没得到肯定，就自暴自弃地逃避。

3. 只要不做伤天害理、违法乱纪的事，你就应该肯定自己的所作所为。
4. 学会欣赏自己的每一个优点，逐步消除对自己的悲观评价。
5. 相信只要不放弃，明天的自己会变得更好。

坦然面对不顺，寻找解开心锁的钥匙

30秒自我定位

你怎样看待生活中不顺心的事？

A. 发泄一通，情绪就过去了

B. 泰然处之，不把它放在心上

C. 只要没解决就闷闷不乐

一帆风顺时喜上眉梢，寸步难行时愁眉不展，这是人们对生活最自然的反应。有些朋友高兴时哈哈大笑，难过时抱头痛哭，情绪来得急去得也快，不容易被抑郁情绪缠住。另一些朋友看似长着一张“不以物喜，不以己悲”的镇定脸，其实内心早已被抑郁情绪堵得气血不通。

两类人面对的压力是相同的，但排解压力的方式却截然相反。前者虽然也有郁闷难过的时候，但不至于彻底丧失干劲；后者则不然，可能会被抑郁情绪锁住心灵，对生活越看越不顺眼。

愤怒情绪对人们身心的伤害是暴烈而直接的，如同火山爆发。而抑郁情绪对人们身心的影响，却是隐晦、委婉的。你可能觉得自己只是有些郁闷，暂时对很多事情都感到索然无味，过一阵就好了。殊不知，郁闷情绪会不声不响地渗透到你的精神深处，让你的内心始终保持着灰暗的色彩。

抑郁来自过于沉重的心理压力。也许，从客观情况来看，因为抑郁而变得暴躁易怒的人，可能比一般人的处境更好，但他们从主观上觉得自己活得很不顺，了无生趣。这个自我评价可能在其他人看来莫名其妙，但他们自己觉得只是其他人不能理解罢了。

真正的抑郁症患者不是简单的“想不开”，他们思考问题的方式与常人迥异，一般的亲朋好友的劝导是根本不起作用的，只有专业的精神科医生才能解决，心理治疗师都插不上手。但在现实生活中，很多人并不是真的患上了抑郁症，只是太容易陷入郁闷情绪的泥沼罢了。他们可以自己设法摆脱郁闷的泥沼，也可以在旁人的帮助下走出心理的阴霾。

东晋大臣郗超与大司马桓温关系很好。桓温长期以来都有篡夺晋室的意图，郗超堪称他的谋主。东晋废帝司马奕被独揽大权的桓温降封为海西公，并迁到都城之外居住。桓温拥立了简文帝上台。

简文帝与傀儡没什么两样，所以非常怕桓温把自己给废黜了。有一回，天空出现了异象，荧惑星入太微。这在古代人眼里象征着帝位不保。司马奕被夺去皇位时也出现了同样的星象。所以简文帝对此深感不安，便问郗超：“桓大司马是否会再次废立皇帝？”郗超说：“我愿以郗氏全族百余口的性命来担保不会发生此事。”简文帝听了这话，稍感安慰，但他对自己形同傀儡的处境始终郁郁寡欢。在沉重的心理压力影响下，简文帝上台还没满两年就忧郁而死了。

耐人寻味的是，郗超的父亲郗愔忠心于东晋皇室，完全不知道自己的儿子曾经与桓温图谋篡晋之举。

郗超后来染了重病，命不久矣。他把一只箱子托付给自己的门生，吩咐道：“这里面的东西我本来打算烧掉。但一想到我的父亲年事已高，他老人家在我死之后肯定会悲伤过度，伤害自己的身体。我死以后，倘若他真的难过到饮食睡眠不正常时，你就把这箱里的东西交给他。假如他饮食起居还正常，你就直接烧掉它，不必给他老人家看。”

果然，郗超的去世让郗愔悲痛过度，也因此忧郁成疾。于是，那位门生按照遗嘱把郗超的箱子交给了郗愔。箱子里装的全是当年郗超与桓温往来密谋的书信。郗愔这才知道自己儿子私底下做过什么事情。他大怒道：“这孩子早该服罪了，现在才死也太晚了。”从此以后，郗愔再也不为死去的儿子伤心郁闷了。

古人对这个案例的评价各异。有的人认为郗超是个孝顺的孩子，有的人则认为郗超只是小孝而不是大孝。但就事论事，郗超采用情绪转换法治好了父亲的郁郁寡欢，可以说他相当机智。

他知道父亲肯定会为白发人送黑发人感到难过，也会对自己帮助桓温这件事感到生气。所以，郗超让门生把书信交给父亲看，让父亲由爱生恨，就不会再为自己悲伤了。这些让郗愔生气的书信，就是解开心锁的钥匙。

抑郁情绪给人的感觉非常隔涩，如同在泥潭中行走，用不上力，又难以自拔。当一个人的内心被抑郁占满时，就像浑身上了锁一样被束缚得越来越压抑。抑郁情绪过载的人，遇到再好的消息也高兴不起来，而且比平时更加暴躁易怒，动不动就心烦。这是一种对正面情绪抵抗最顽固的负面情绪，也不容易化解。

相对而言，愤怒情绪与悲伤情绪产生的直接来源比较容易找到，抑郁情绪的根源就不那么容易摸清了。有些人是因为生活处处碰壁而郁郁寡欢；有些人已经功成名就，却还是安抚不了内心隐藏的暗伤，从而无法脱离负面情绪失控的状态。

诺贝尔文学奖获得者、日本著名作家川端康成一生写下无数名篇，不断追求人生升华的美。他的独特的哲学与美学观念，受到了世人的敬仰。可是，也正因为如此，他突然选择了含着煤气管自尽且没留下任何遗书的举动，让全球文学界都为之震惊。

关于川端康成自杀的原因，至今还是一个没有定论的谜团。于是，人们做出了各种各样的猜测。

有人认为，日本作家三岛由纪夫的自杀使得川端康成大受刺激。他见过三岛那身首异处的尸体后，曾对一位弟子："被砍下脑袋的应该是我。"自此以后，川端康成的身体也越来越衰弱。这可能是他选择轻生的直接原因。

另一部分人则认为，他可能是因为不堪病痛折磨。川端康成毕生都在创作。晚年因身体不好而住院，长时期持续服用安眠药，以至于在戒除对安眠药的依赖性时产生了严重的不良反应。按照他的哲学理念——"死是最高的艺术，死就是生"，他结束生命的地点在自己的工作室，于是有人猜测这是一位老文学家为艺术殉道的决定。

然而，川端康成曾经还说过另一句话："自杀不是一种开悟的做法。"所以他违背这个理念选择自杀，更让人们摸不着头脑。

也许，最理解一个人内心郁苦的人，只有他自己。其他人虽然能用同理心来感知三五分，但并不会真正感同身受。如果一个人不能坦然面对生活中的不顺，就无法解开心中的锁。就算别人能帮你找到钥匙，但能将钥匙插入心锁的人还是只有你自己。

世界上可能不存在完全高枕无忧的人。纵然能以游刃有余的姿态玩转生活，也必定有我们控制不了的事情，有我们无法实现的心愿。这些东西都会让人变得郁闷，但并不是每个人都会一直被这股负面情绪锁住心灵。

终生皆烦恼，但日日是好日。我们没有活在天堂，也并未沦入地狱。假如你把周围都看作是地狱，那就真的和生活在地狱没什么两样。自己的主观意识会扭曲对世界的理解，把一切美好的东西也丑化了。于是，正面情绪的生产线被破坏了，内心的平衡被彻底打破，抑郁也就无从排解，最终积郁成疾。

有一则富含生活智慧的寓言，给人留下的印象极深。

某君死后被分配到了一个牌子上写着“地狱”的地方。他没有为此忧郁绝望，而是与众人一起把这里打扮成了花园。最后，在众目睽睽之下，他摘下了“地狱”的牌子，换上了新牌子，上面写着“天堂”。

千百年来，我们的祖先白手起家，从无到有，为后世子孙建立起繁荣发达的基业。他们大概就是抱着这种心态来生活的吧！

3分钟自我调节

1. 世界上所有的不顺，都不足以摧垮你，除非你自己放弃。
2. 不把生活当地狱，你就不会被幻想出来的重压剥夺快乐。
3. 当感到郁闷时，不要总是盯着让自己感到乏味的事，可以考虑换一种生活方式。
4. 坦然面对所有的不顺，就当是再平常不过的昼夜交替。
5. 意识到自己郁闷情绪过多时，去寻找那把打开自己心锁的钥匙。

越是身处黑暗，越要寻找灯火

30秒自我定位

以下哪种做法更符合你的情况？

A. 看到世界的阴暗面，感觉一切都不会好了

B. 假装看不到世界的阴暗面，靠催眠自己来逃避痛苦

C. 正视世界的阴暗面，但更努力地寻找世界的闪光点

世界不止黑白两色，还有各种各样的缤纷色彩。

我们的眼睛能看到的颜色，实际上是不同波长的电磁波折射出来的样子。可见光即能被肉眼捕捉到的各种电磁波。在此之外，还有许多肉眼看不见的光也客观存在着。有些朋友总是把世界看成是黑白二元的，甚至只有一片阴暗。他们其实是看问题的角度太过灰暗，内心被抑郁情绪塞得太满。

不知从什么时候起，“忧伤”成了文艺范的一个主要标签。

生离死别的戏剧冲突激烈，很容易牵动人们心中多愁善感的那一面。有些朋友过于关注这些令人伤感的事物，于是变得郁郁寡欢、思想悲观，时不时为琐事而伤感或烦躁。正如《红楼梦》里的林黛玉，多愁善感又要小性子，给人脾气不好的印象。其实，很多事情不需要用灰暗的色调来解

释，也不必为此太过抑郁。当你学会多看黑暗之外的缤纷五彩时，原本阴暗的事情也就可以坦然面对了。

春秋时代的某一年，齐景公登上了国都临淄南边的牛山。本来是踏青游玩的，谁知齐景公眺望临淄时，却莫名伤感了。

他泪流满面地说：“我们的国都真是壮美啊！山上的草木丰茂，可是我为何要随着光阴流逝而离开临淄，迎接死亡呢？如果古人不死亡的话，那么我离开此地之后，又将何去何从呢？”

史孔和梁丘据也痛哭流涕地说：“我们全凭君上的恩赐，能吃得起普通的饭菜，坐得起普通的马车。过这种生活的我们尚且不想死，何况是我们的君上呢？”

原本出来游山玩水的人却突然为多年后的死亡而伤感落泪，也真够煞风景。但是更煞风景的是，晏婴在旁边看着他们流泪，“呵呵呵”地发笑。

齐景公不高兴了，擦干眼泪问晏婴：“我触景伤情，史孔和梁丘据都和我一样感到悲伤，为什么就你一个人在笑呢？”

晏婴说：“如果英明的君主可以长生不老，那么齐太公与齐桓公至今都在治理这个国家；如果勇武的君主可以长生不老，那么齐庄公与齐灵公至今还能掌控这个国家。这么多先君都继续拥有这个国家，那君上您怎么可能得到国君的宝座呢？到那时，您也只好戴着斗笠披着蓑衣在田野中耕作了，哪还有什么闲暇时间思考自己死后的问题呢？正是由于历代祖先先后成为国君，又相继去世，才能轮到您坐上这个位置啊！可您偏偏要为祖先的死亡而流泪，这绝非仁义的行为。我看到了一位假仁假义的国君，又看到了曲意逢迎的谄臣，故而在私下里发笑。”

听了晏婴这番话，齐景公惭愧不已。他自罚了一杯酒，又罚了史孔、梁丘据各喝两杯酒。

这算是一个颇有哲理的笑话。说起来，齐景公的忧伤也许是不少人心中闪过的念头。海棠有刺，桂荷易谢，菊叶多焦，才人无行，红颜薄命……只要你想找，生活处处都有“催泪弹”与“致郁神器”，让你开心不起来，久久沉浸在苦闷忧郁中难以自拔。齐景公看到大好河山却感慨人生短暂，以他享乐无度的生活方式来说，未免矫情了。而晏婴对齐景公使用的嘲讽技能，反映出了一种更加积极和理性的人生观。

的确，这个世界上有很多事情让人感到忧伤难平。但天地运行自有周期，人的生老病死也遵循着自然规律。怕死是本能，为生命逝去而感到悲伤也是本能，但不能完全陷在这个本能反应的框框里，而忽视了生老病死为我们带来的福利。学会用积极的视角看问题，也是人生的必修课。

正如晏婴所说，前人的离世为今人腾出了生存发展的空间与机遇。尽管我们迟早有一天也会步其后尘，但在此之前，应当多想想活着时的美好，而不是伤感人终有一死。因为人生本来就短暂，经不起浪费。而无病呻吟与自寻烦恼，恰恰是对生命的浪费。

当你越是身处黑暗时，就越要寻找灯火。纵然有很多事情让你感到悲伤郁闷，也可以用“虽千万人吾往矣”的积极心态来应对。因为积极的心态不仅能提高你的情商，甚至能让你的生活智慧也随之增长。

明朝大臣严讷曾经遇到过一个不大不小的难题。

他打算在城里修一座大宅子。在完成草图规划后发现，隔壁民宅有根梁柱凸出来了，导致新宅的形状不够方正。这户的主人是一对卖酸酒的夫妇，房子是祖上传下来的家产。负责督建新宅的工头想出高价让邻家搬走。谁知那对夫妇断然拒绝，什么条件都不接受。工头非常恼火，便将此事禀告给严讷。严讷却一点不生气，只是吩咐工头暂时先盖宅子的其他三面。

显然，严讷并不打算放弃原先的设计方案。接下来有三种处理办法：一是开出更优厚的条件来收买对方；二是拿自己的权势逼迫对方；三是邀请邻居吃顿饭，顺便晓之以理，动之以情。

有趣的是，严讷没有采用上述任何一种对策。那对夫妇平时的生意其实并不太好，生活比较拮据。严讷得知后，要求府中每天所需的酸酒必须向那家邻居购买，而且每天都是预先付款。此外，严讷还主动为邻居介绍买主。经过这番照应，那对夫妇的生意越来越红火，库存越来越大，原先的小屋子都不够用了。

夫妇俩感激严讷的帮助，对当初坚决做钉子户的态度感到惭愧，便主动立下契据，打算将祖宅赠予严讷。严讷则用城中的其他房产与之交换，为邻居换得一间较大的房子。那对夫妇兴高采烈地搬家了，而严讷也顺利拔除了新府邸修建工程的障碍。

假如严讷像工头一样为邻居的顽固态度而暴跳如雷的话，这段皆大欢喜的佳话就不会有了。他用宽厚与智慧，找到了两全其美的解决办法。没有大肚能容的好脾气是根本做不到这点的。

生活中的利益摩擦是人们发脾气的主要诱因。没有人喜欢自己的想法受到阻挠，故而很容易对与个人意图相忤的人或事物感到不悦。坏脾气的人总是采取简单粗暴的方式跟他人对着干，从而激化矛盾，火上浇油，让坏情绪越来越失控。如此一来，他们就更加固化对世界的悲观认识，从而令自己逐渐被阴暗心理蒙蔽双眼和冲昏头脑。

人心难测，人性复杂，人的局限性很多。这使得许多朋友总是以为江湖险恶、世道崎岖，想保持善良与乐观是不可能完成的任务。其实，这个观念已经失之于悲观绝望了。

这个世界不是只有黑白两色，还有无数缤纷色彩。我们对世界的了解不过是九牛一毛，亲眼看到的有限，亲耳听到的也有限，又能捕捉到生活中的几多色彩？

倘若你戴着墨镜看世界，目光所及自然是处处阴暗。倘若你去掉心中的有色眼镜，用更全面的眼光来观照世界，就会发现黑暗之中依然有灯光点点。何必让心中充斥阴霾呢？你身边的种种纠结，说不定有更好的办法来妥善解决。所以，不要因为一时不顺而着急上火，也不要因为对世态炎凉感到悲观失望就变得生冷倔硬。当你以暗夜寻光的心态来对待世界时，就能找到更多的光明，看清那些化阻力为助力的巧妙途径。这样一来，你就无须再用坏脾气来宣泄不满了。

3分钟自我调节

1. 世界是多姿多彩的，不要只盯着阴暗面。
2. 暂时处于漫漫长夜时，也要记得黑暗过后是黎明。
3. 与人发生摩擦时，别急着生气，而是先看看有没有兼顾彼此利益的办法。
4. 让你感到郁闷的事，可能也存在某些合理之处。
5. 不要用有色眼镜看整个世界。

第 5 章

FIVE

接纳自己的不完美，才能远离坏脾气

情绪失控会像龙卷风一样波及周围的人，但受到最大伤害的，其实是我们自己。从你情绪失控的那一刻起，你就已经开启了自虐程序。脾气不好的人不只是对其他人苛求，对自己的不完美之处往往也比较苛刻。尽管他们可能并不会改正自己的缺点，但心里总是对这些负面的东西念念不忘。明明知道自己容易情绪失控很不好，也对此深恶痛绝，但就是没法克服，于是对自己的坏脾气更加憎恶，情绪也更加糟糕了。这就陷入了一个想改掉坏脾气反而让脾气变得更坏的怪圈。

其实，想要管理好自己的坏脾气并没有想象中那么困难。只不过，你需要先舍弃一些误区，尤其是那种痛恨自己的不完美，故而想洗心革面的求全责备心态。因为，那只会变得越来越事与愿违。我们都不是完美无瑕的圣人。想要变得优秀就必须严格要求自己，但严于律己并不代表要无条件地苛求自己，按照一个完美无缺的圣人形象来生活。

脾气变坏往往与心理压力过大直接相关。而苛求自己的人，不仅承受着与其他人同等的外界压力，还要多背负一份自己给自己制造的精神压力。想要让脾气变好，就得经常减压。压力不减反增，负面情绪肯定会变本加厉，脾气当然没法好起来。

所以，接纳自己的不完美，做到时刻善待自己，才能卸掉多余的精神压力，对坏脾气釜底抽薪。善待自己才能善待世界，坚持以善待之心为人处事，脾气修养想不变好都难。

只做上进心的主人，不做攀比心的俘虏

30秒自我定位

当别人比你表现好的时候，你心里会怎么想？

A. 这家伙不过是踩狗屎运，下次肯定摔跟头

B. 我的能力还有欠缺，应该向他学习

C. 要加倍努力，一定要超过他

“与世无争”与“一决高下”是两种不同的生活态度。但前者往往只是特例，后者才是常态。人生来就有竞争意识，想把周围的人比下去，也想把过去的自己比下去。站在金字塔的顶点，也许是每个人在少不更事时的梦想。只不过，能完成这个梦想的只有极少数人。

四年一度的世界杯是全球体育顶级赛事。足球明星可谓一抓一大把，几乎每个足球强国都能找出若干充满传奇色彩的球星。但世界杯只有一个，每届世界杯能获得世界足球先生这一殊荣的球星也只能有一个。平时可能在同个职业俱乐部打联赛的球星们都要代表自己的国家与俱乐部队友们一决高下。意大利球星罗伯特·巴乔有着令所有对手赞叹不已的华丽球技，然而，他射丢的点球让意大利与冠军失之交臂。巴乔那忧郁的眼神，给那一代球迷留下了深刻的回忆。这便是竞技体育的壮烈美。

奥林匹克运动会的宗旨是“更高，更快，更强”，强烈的求胜欲望使得运动员们充满了积极奋进的上进心。我们喜欢看竞技体育比赛，在很大程度上是为了享受顶尖运动员们一决高下带来的刺激感。在那个时候，尽管观众只是见证者，却能感受到激烈竞争中无处不在的上进心的力量。

各行各业都存在竞争，只是竞技运动把这种残酷性展现得更加赤裸裸。在商业活动中，不同的公司既可以是你死我活的竞争对手，也可以成为资源共享的合作伙伴。竞技运动则不然，只有零和关系，是纯粹的胜负世界，没有什么转圜的余地。

遗憾的是，并不是所有人都是以正面的上进心来与竞争对手一决高下的。有些人的竞争意识中不仅有积极的上进心，还包藏了不健康的嫉妒心。他们眼中的竞争，准确地说，只是一种阴暗扭曲的攀比，而非堂堂正正的实力较量。

大非川之战是唐朝前期的一次重大败仗，十万将士几乎全军覆没。此战最重要的教训就是将帅不和。

为了与吐蕃帝国争夺战略意义重大的安西四镇，唐高宗派智勇双全的征东名将、右威卫大将军薛仁贵为逻娑道行军大总管，左卫将军郭待封为副将。郭待封是初唐功臣郭孝恪的二儿子，自恃名将之后看不起出身贫寒的薛仁贵。而且，两个人本来官位平级，皇帝却让薛仁贵做主帅。郭待封因此嫉妒薛仁贵，对屈居于其下十分不满。

吐蕃名将噶尔·钦陵号称率兵四十万，来势汹汹。唐军兵力少，又缺乏在青藏高原地区作战的经验，这一仗并不好打。薛仁贵深知此战宜速，绝不宜久拖。考虑到预定战场遥远，他留下郭待封护送辎重粮草，令其在大非岭修筑工事以防备敌军偷袭。自己则亲率主力部队轻装奔袭，打得吐蕃军猝不及防，伤亡很大。薛仁贵顺势占据了要地乌海城，为唐军赢得了主动权。

然而，郭待封心存妒忌，不当面否定薛仁贵的计策，却又不服从指挥。他擅自带领辎重部队继续前进，又慢吞吞地行军，没有赶快与薛仁贵汇合。结果，吐蕃主帅噶尔·钦陵抓住这个机会调集了二十万大军猛攻唐军辎重部队。郭待封惨败，唐军辎重粮草尽失。薛仁贵见状，不得不退守大非川。而噶尔·钦陵又集结了举国四十万兵马与唐军交战。薛仁贵无险可守，又缺衣少食，再加上兵力远少于敌军，最终几乎全军覆没。薛仁贵等将被迫与噶尔·钦陵订下合约。吐蕃军乘胜追击，攻占了青海西部，唐军没能收复西域的安西四镇。这是名将薛仁贵一生中罕见的败仗。

郭待封因为嫉妒与自己原本平级的薛仁贵而自行其是，结果害人害己。由此可见，不健康的攀比心是引发恶性竞争的毒药。

良性竞争比的是实力与智慧，恶性竞争则是以不光彩的手段追求胜利。前者可敬，后者可悲。在这个竞争激烈的年代，我们应当具备与竞争对手一决高下的上进心，但绝不能出现那种阴暗的攀比心。攀比心会让人心理失衡、情绪失控，用怨毒把自己生生熬成负能量过载的坏脾气者。

上进心是个好东西，能让你从抱怨的泥潭里拔出腿，真正踏出改变命运的步伐。但攀比心是个坏东西。尽管每个人都会有意无意地与他人做比较，以确认自己的能力与成就，但醉心攀比的人本末倒置，忘却了通过对比来找出差距以激励自己上进的初衷。他们不去做加法，提高自己的能力水平，堂堂正正地赢得竞争，而是用拖后腿的办法把对方拉低到自己的层次上。

毫不夸张地说，以攀比心来对待竞争的人，并没有真正的上进心。他们的内心流淌着怨毒，说不定有一天会彻底情绪失控。一旦被实力超群者全方面击败，他们就会一蹶不振、自暴自弃。

其实，我们可以用更旷达的态度来看待竞争，用更积极的心情来看待竞争对手。保持奋发有为的上进心，但不与他人做无谓的攀比，一切言行都只是为了锤炼更好的自己。

陈国的某位大夫奉命出使鲁国。他以个人身份拜会了鲁国权臣叔孙氏。不同国家的人在外交场合，免不了会有极力夸赞自己国家好的心态，一来二去就会有争论。

叔孙氏自豪地说："敝国有一位圣人，叫作孔丘。"

陈国大夫反问："您又怎么确定孔丘是圣人呢？"

叔孙氏说："我常听孔丘的学生颜回说'夫子能放弃心中的欲念而只用形体'。"

陈国大夫说："敝国也有一位圣人，难道您没听说过吗？"叔孙氏问是谁。陈国大夫说："李耳的学生里有位亢仓子的奇士。他习得李耳的道术，可以用耳朵来看东西，用眼睛来听声音。"

鲁国君主听闻此事后感到十分稀奇，就派重臣以丰厚的礼品去陈国邀请亢仓子。亢仓子入鲁觐见时，鲁君向他请教，态度极端谦虚。

谁知亢仓子却说："关于我的传闻并不真实。我最多可以不用耳朵来听消息，不用眼睛去看东西，但我没法改变耳目本身的作用。"

鲁君说："这似乎更奇异了。请问先生的道术究竟是怎样的呢？寡人非常想知道。"

亢仓子回答道："我之形体与内心相合，内心与气息相合，气息与精神相合，精神与虚无相合。倘若有极隐微的事物与极微弱的声音，无论远在八荒以外的僻远之地，还是近在咫尺的地方，只要来干扰我的，就一定能察觉。我也不知到底是我的七窍四肢所察觉到的，还是心腹六脏所感知到的。我自然而然就知道而已。"

鲁君听后很高兴，过了一段时间，他把这事告诉了孔子。孔子只是笑了笑，没有正面回应。

在这则故事中，亢仓子与孔子都是得道之人。叔孙氏与陈国大夫各自吹牛，把他们吹得出神入化。但亢仓子在答复鲁君的提问时，并没有沾沾自喜之心，而是如实讲述了传闻不真实，还透露了自己的修身心得。而孔子也没有与亢仓子争“圣人”的虚名，只是将此事付之一笑。两个人都不以圣人自居，也没有看不起对方，而是在不断提高自身的修为。倘若一个人怀有这种旷达、上进的生活态度，就不会变成一个动辄情绪失控的小心眼。

3分钟自我调节

1. 永远不要去嫉妒谁，把那些比你过得好的人当成奋斗的标杆。
2. 怀着向高手学习的心态去欣赏优秀的竞争对手。
3. 坚持用实力说话的原则，以堂堂正正的方式赢得竞争。
4. 不与他人攀比斗气，只是用上进心来激励自己。

请允许我不当完美无缺的圣人

30秒自我定位

你怎样看待自己曾经犯过的错误？

A. 觉得改不改无所谓

B. 一直很自责，怕自己重蹈覆辙

C. 改正了就可以放下了

在儒家思想占据主导地位的古代中国，“修身、齐家、治国、平天下”的人生规划路线图吸引着无数读书人奋斗终生。

也许是因为儒家思想的影响太深，我们总是不免带有几分圣人情结。就算不按照圣贤教诲把自己培养成新时代的“圣贤”，在评判他人时也总会下意识地往高大全、伟光正的路子上套。比如，评判一位军事家或体育明星，喜欢先用“终生无败绩”之类的苛刻标准淘汰绝大多数人。然后，再不断放大其性格中的闪光点，而忽视其性格的缺陷。为尊者讳，为圣人隐，自古以来都是如此。

这种热衷塑造圣人的完美主义心态，很容易让人变得十分苛刻。

比如，普通人犯某个错误，大家觉得理所应当。但某位伟人、名人犯了同样的错误时，不少人就会对此横挑鼻子竖挑眼，甚至忍不住进一步把对方贬低得一文不值。先把人家抬上神坛，又把人家打落神坛再踩一脚，这种做法叫“捧杀”，是一种很糟糕的习惯。

与此同时，不少朋友在潜意识里想打造一个完美无缺的自己。他们对自己高标准、严要求，力求把事情做得漂亮，把人际关系处理得八面玲珑，极力塑造一个世人眼中的成功者形象。然而，其中一部分人也因此过于在意维护自己的“完美形象”，反倒走上了刚愎自用的极端。

在许多人的主观印象中，秦始皇是个听不进不同意见的独夫暴君，“文景之治”的开启者汉文帝与之截然相反。其实，从史书的记载来看，汉文帝并不是个善于听取谏言的人。秦始皇虽固执，但只要意识到自己错了，就会放下面子果断改正。汉文帝则不然，就算他意识到自己不对，可能也要大臣反复进谏才会接受意见。西汉名臣袁盎就因三谏汉文帝而声名鹊起。

事情的起因是让汉文帝悔恨很久的淮南王事件。

淮南王刘长是汉文帝的弟弟。他为人十分骄横，进京面圣期间居然擅自杀死了辟阳侯审食其。袁盎进谏道：“诸侯王太过骄横会招致祸端的。陛下应该责罚淮南王，削减他的封邑。”但汉文帝护短，对弟弟的重罪不予追究。结果，刘长从此更加有恃无恐，后来卷入了棘蒲侯柴武之子的谋反案。汉文帝大怒，下令用囚车把淮南王放逐到边远的蜀郡。

谁知时任中郎将的袁盎这次又来劝阻。

他说：“陛下一直娇惯淮南王，既不对他加以约束，又不肯惩罚他，事情才会落到今天这一步。但是，陛下现在突然这么严厉地处罚淮南王，以他那暴烈的脾气，再加上流放途中风餐露宿，他怕是会在半路死去。到时候，陛下恐怕会背负天下人最难容忍的杀害兄弟的骂名。这可如何是好？”

汉文帝又没听，催着淮南王赶紧坐着囚车上路。结果，淮南王在途经雍县时暴病而死。汉文帝得知后难过得连饭都不想吃，心情很久都没能平复。

袁盎见自己一语成谶，便进宫向皇帝谢罪。汉文帝懊悔地说："我就是因为没听爱卿的忠告，才让事情落到这步田地。"

袁盎却说："陛下，您也该走出阴影了。既然事情已经过去了，怎么能没完没了地继续挂怀呢？况且，陛下有三件超出世人德行的事，淮南王的事情不足以败坏陛下的声望。"

这话让汉文帝一头雾水，他实在想不起自己有什么过人之举。袁盎不慌不忙地说："陛下还是代王的时候，太后卧病在床，您整整三年时间衣不解带地照顾她老人家，水与药都是自己亲口尝过后才让太后服用的。以孝行著称的曾参作为平民百姓都未能做到这种程度，您贵为诸侯王却做到了。这是您的第一个过人之举。当年诸吕执政独断专横，京城局势凶险莫测，您却毫无畏惧地千里迢迢从代国乘车赶赴京城。即使是孟贲、夏育等古之猛士都没有这份胆识。这是您的第二个过人之举。您到了代王宫殿，面向西坐着推辞了两次皇位，又向南坐着辞让了三次皇位。古时贤人许由才推辞了一次，您却先后五次让贤，比他还多四次。这是您的第三个过人之举。至于放逐淮南王到蜀郡一事，您的本意是想让他吃点苦头，反省自己的错误。护送囚车的官吏士兵办事不周，才酿成了这桩悲剧。责任并不在陛下。"

听了这番劝慰，汉文帝心情好多了，便问袁盎该如何善后。袁盎建议善待淮南王刘长的三个儿子。于是，汉文帝将三个人都封为诸侯王。这件事让袁盎在朝野赢得了很大的威望。

你看，汉文帝是史家公认的有德明君，尚且存在不听忠告的过失，何况是普通人呢？连最需要被包装成"完人"的专制君主都免不了有缺点和瑕疵，那么我们又何必为自己的不完美而烦恼呢？

我国著名军旅作家乔良将军说过："有性格缺陷的人，并不一定就没有人格魅力。事实上，有很多有性格缺陷的人，常常有意无意地通过张扬自己性格优势的一面，让自己这一面光芒四射，去补偿或遮掩自己的性格缺陷。这样的将领在名将榜上并不少见，并且恰恰因其个性突出而常常让同代人甚至后世充满兴趣。”

不光是名将，普通人也是如此。大家都有自己的性格优势与性格缺陷，只是明显不明显、严重不严重的区别。有的人惕厉自省，会不断纠正身上的大小毛病，从而更接近理想的自己。他们往往也正是大家眼中的“才德俱佳的完人”。有的人则是通过张扬自身性格优势的魅力来补偿缺陷。尽管大家都很清楚他们身上有哪些令人难以忍受的缺陷，却又对这种黑白分明的鲜明个性感到着迷。

昭烈武成王姜太公后半生轰轰烈烈，堪称立德、立功、立言的“三不朽”者。然而，他的前半生却不那么完美。

秦国客卿姚贾曾对秦始皇说：“太公望，齐之逐夫，朝歌之废屠，子良之逐臣，棘津之雠不庸，文工用之而王。”意思是说，姜太公是被老婆赶出家门的男人，在商朝首都朝歌做屠户时连肉都很难卖出去，给子良当家臣没多长时间就被解雇了，在棘津这个地方当佣工都没人雇他，但周文王重用他治国治军，成就了灭商兴周的大业。

显然，被后人神话为神仙的姜太公，永远摆脱不了自己的“黑历史”。但人们一面对他前七十年的“黑历史”津津乐道，一面赞叹他的坚韧意志与辉煌成就。尽管他根本不是完美无缺的人，老百姓还是愿意把这个非常接地气的伟人当成大圣人来看。

由此可见，一个人想要一辈子完美无缺是痴心妄想。但一个人可以不断改正自己的缺点，发扬自己的长处，不让自己沦为只会乱发脾气、怨天尤人恨社会的懦夫，而是成为一个有缺点，但闪光点更突出的生活英雄。

美国著名将领巴顿将军曾说过：“将军自己会犯许多错误，但他有坚忍不拔的毅力，能够把他想做的事一直做下去。拿破仑在亚纳两天内犯了三个错误，但他仍然赢得了战争。”

我们不必为自己的不完美而焦躁懊恼。与其为此放纵坏脾气，不如努力做好自己想做的事情。当世人嘲笑你的缺点时，你应该昂头挺胸地告诉他们：“请允许我不当完美无缺的圣人，我只是个不断超越自己的奋斗者。”

3分钟自我调节

1. 不以“完人”的要求苛求他人。
2. 不以“完人”的要求逼迫自己。
3. 记他人之大德，而忘他人之小怨。
4. 不要过于纠结自己的错误，知过能改就是好同志。
5. 学会为自己的每一点进步鼓掌庆祝。

不卑不亢的自己才是你最忠实的朋友

30秒自我定位

你是怎样评价自己的？

A. 世界上如果只剩一个人能耍帅，那就是我

B. 我是一棵无人知道的小草

C. 身上毛病不少，但总体上是一个坚强善良的平凡人

《韩非子·观行》曰："古之人目短于自见，故以镜观面；智短于自知，故以道正已。"这段话说的是，古代人明白眼睛没法看到自己的脸，所以用镜子来照脸；聪明人也难以做到了解自己，故而用道理来纠正个人的言行。

自知者明，众所周知。但能有自知之明的人，却是凤毛麟角。芸芸众生常犯的错误，要么是自我评价太高，失之于"亢"，要么是自我评价太低，失之于"卑"。这两种心态都可能让你变成令大家讨厌的坏脾气者。

东汉末年的凉州军阀董卓性格粗暴蛮狠，专横跋扈，眼高过顶。他曾担任汉朝前将军，与左将军皇甫嵩一同征战沙场。皇甫嵩两次否决董卓的提议，立下了很大的战功。董卓从此嫉恨他。

后来，董卓改任并州牧，朝廷让他将军队交予皇甫嵩统辖。董卓对此

很不服气，更加嫉恨皇甫嵩。后来，董卓趁着十常侍之乱救驾有功，当上了太师，成为皇甫嵩的上司。他指使别人陷害皇甫嵩，险些杀了这位汉末名将。此后，皇甫嵩担任御史中丞，见到太师董卓时要下车伏拜。一天，董卓得意地问皇甫嵩服不服。皇甫嵩回答说："我之前哪能料得到您今天能发达到这一步！"董卓得意地说："鸿鹄本来就有远大的志向，只是燕雀不懂罢了。"

其实，论才能与品德，皇甫嵩都强于董卓，根本不是什么燕雀。董卓只是抓住了浑水摸鱼的机会才能暂时一手遮天，但他素来眼高过顶，所以在成为上司后，很看不起皇甫嵩。

皇甫嵩的回答倒是很巧妙。他说："您和我过去都是鸿鹄，但我万万没有想到您今天能飞上枝头变凤凰。"按照古人的观念，凤凰是比鸿鹄更高贵的神鸟。所以，董卓听了很受用，准许皇甫嵩那日不用对他跪拜。

面对董卓的奚落，皇甫嵩可谓不卑不亢，以柔克刚。如果是普通人也许只能忍气吞声顺着董卓贬低自己的话。皇甫嵩却不肯贬损自己，而是用抬高对方地位的方式来满足董卓的虚荣心，化解被奚落的尴尬。

后来的事情大家都知道。董卓越来越胡作非为，脾气也越来越坏，最终被群臣设计诛灭。

董卓的灭亡可谓自取其辱。他过于迷信自己的武力，动辄屠杀无辜，激起了朝野公愤。可见做人如果太"亢"，就会变得骄傲自大，不能正确认识自己的局限，也不懂约束自己的行为。骄横之人总是把自己的暴脾气施加给周围的人，搞得天怒人怨，众叛亲离是这类人最常见的下场。董卓只不过是其中一个最广为人知的反面教材而已。

当一个人过分高估自己时，就会沿着骄横无礼的方向越走越远。只有遇到挫折时，才有望回归清醒，摆正自己的态度。许多回头浪子也曾骄横轻狂，动辄发怒生事。后来经历的教训多了，脾气也就渐渐小了。有些人甚至发生180度大转弯，变成了街坊邻居交口称赞的厚道人。

三国时吴国鄱阳太守周鲂的儿子周处，曾经是为害乡里的恶少。当他意识到自己被乡人讨厌时，萌发了改过之心。于是，他问乡中父老有何不快乐的事情。父老都说："有三害未除，怎么快乐得起来？"这三害分别是南山上的猛虎、长桥下的恶蛟以及周处本人。周处身强力壮，自请为民除害。他杀死猛虎后，与恶蛟苦斗三天三夜，不知不觉中已经游出了几十里。

当周处杀死恶蛟回来时，却发现乡人误以为他与恶蛟同归于尽，正在大肆庆祝。他这才意识到自己被乡人发自内心地厌恶。他羞愧不已，离开故乡去拜访吴国名士陆云。

周处将过往恶行据实以告，悔恨地说："我想痛改前非，重新修养德行。但现在年纪不小了，恐怕已经来不及了。"陆云却说："古人说，早上听闻大道理，晚上死去都没有遗憾。况且，你的前途还不错，应该担心的是自己没有立下大志，而不是担忧自己不能给后世留下美名。"

于是，周处从此变了一个人，奋发好学，文武双全，既保留了勇敢刚烈的性格优点，又变得十分仁慈。乡人不再以他为祸害，而是为之感到骄傲。

通常来说，过于自满与过于自卑的人，都会因为心理失衡而更容易发生情绪失控的问题。而不卑不亢的人善于正确认识自己，能用平和的眼光看待他人，故而能保持更为良好的修养。

孔子在两千多年来一直被当成神坛上的圣人。自从新文化运动"打倒孔家店"以来，孔子一会儿被踩成丧家之犬，一会儿又被重新哄抬为神一般的存在。前者是用俯视的角度来贬低他，后者则是用仰视的角度来拔高他，两种态度都是不可取的偏激态度。当你用不卑不亢的眼光去"平视"他时就会发现，孔圣人其实正是一位不卑不亢、能正确认识自己的人。

有一天，孔子的学生子夏问老师："夫子对颜回这个人怎么看？"

孔子说："颜回的仁慈之心胜过了我。"

子夏问："夫子对子贡这个人怎么看？"

孔子说："子贡的辩论口才胜过了我。"

子夏问："夫子对子路这个人怎么看？"

孔子说："子路的勇气胆识胜过了我。"

子夏又问："夫子对子张这个人怎么看？"

孔子说："子张的举止庄重胜过了我。"

子夏离开席位问道："既然如此，那他们四个人为何要来做您的弟子呢？"

孔子说："子夏，坐下！为师告诉你。颜回虽仁慈但缺少果断，子贡善于辩论却不懂得什么时候该沉默，子路虽勇敢却不懂得柔弱的力量，子张举止庄重却不懂得随和处世。就算把他们四人的长处加在一起来交换为师的优点，我也是不会去做的。这就是他们愿意拜我为师而不会三心二意的缘故啊！"

在这则故事中，孔子对四位弟子的优点做出了很高的评价，认为他们的优点是自己所不能及的。但与此同时，孔子也强调自己身上具备他们所缺的优点，而且他们也各自存在有待改进的缺点。可见孔子是怀着不卑不亢的心态与弟子们相处、共同求知、共同弘道的。

正确地认识他人的优缺点，正确地认识自己的优缺点，能做到其中一样就已经值得称赞了。故而老子说："知人者智，自知者明。"孔子却能做到两样，不愧是了不起的教育家和思想家。

人这一辈子会遇到很多不同的人，但自始至终伴随你从嗷嗷待哺到叶落归根的，只有你自己。坏脾气的人大多不擅长与自己做朋友，心理自愈力比较差，只能通过把不良情绪向外发泄来减轻精神压力；而不卑不亢的人往往拥有更好的情绪管理能力。每当他们因情绪不佳而濒临失控时，那个不卑不亢的自己就像良师益友一样在心中默默引导他们，使之渐渐回归平常心。

所谓控制脾气，说白了，就是自己疏导自己。自卑之人只会给自己泼冷水，而自傲之人只会给自己火上浇油，两者都无法真正管理好自己的情绪。一个人唯有做到不卑不亢时，才能学会正确认识自己存在的问题，然后给自己良苦忠告。从这个意义上说，那个不卑不亢的充满正能量的自己，才是你一辈子中最忠实的密友。

3分钟自我调节

1. 不把自己当神看，意气风发时需记得“亢龙有悔”。
2. 意识到自己不过是茫茫人海中的普通一员。
3. 把自己当成一个需要帮助的人，凡事以自助为根本。
4. 稍微有点骄傲自大或者自卑畏缩的苗头，就及时把自己调回“不卑不亢”档。
5. 心情再坏也要记得，自己是自己最忠实的朋友，只要你不放弃自己，就能东山再起。

严于律己，但不要求全责备

30秒自我定位

你做某事时会给自己定下什么样的标准？

A. 敷衍了事，交差拉倒

B. 呕心沥血，务求做到完美无缺

C. 做出特色就行，不在细节上求全责备

有些意志力顽强的运动员在赛场上受了伤后，不顾队医劝阻，打止痛针强行重返赛场。这种行为很冒险。当止痛针的药效过去后身体会更加疼痛难忍，严重的话，可能会导致提前告别运动生涯。但心中的完美主义情结驱使他们不愿给观众留下逃离赛场的印象，反而苛求自己做常人做不到的难事，以维持自己一直以来的硬汉形象。

这不能简单定义为面子问题，因为严于律己的人总是用高出普通人的标准来要求自己。这种刻苦精神是驱动他们不断向前的动力，让他们从无数半途而废者中脱颖而出。

“严于律己，宽以待人”是举世公认的美德，但真正具备这种美德的人并不多见。因为，按照人类的本能，“宽以待己，严以待人”才是大多数人的本来面貌。

人们放低对自己的要求，是为了不让自己活得太累。严于律己的人未必个个都是苦行僧，但往往会选择让普通人不适应的紧张的生活节奏。网上有一句话，说的是那些在寒冬三九也能每天早起晨跑的人是可怕的。他们能克服对温暖被窝的本能依赖，数年如一日地坚持做同一件事。有这种过人的意志力，几乎没有什么做不成的事。大多数人不肯活得这么累，于是就选择“宽以待已”了。

严格要求自己的人不一定会被所有人喜欢，但基本上都会得到大家的敬佩。无论在哪个行业，名列前茅的无不是那些对自己要求极高的完美主义者。别人对小问题敷衍了事，他们却像对待大问题一样处理小问题。这种一丝不苟的严谨作风，既是他们的优点，也是他们的缺点。

凡事都有个度，过度就会出乱子。严于律已是个好习惯，但对自己要求过高，事事求全责备，就会让本不该有的挫败感不断累加。久而久之，严于律己的人对自己越来越苛刻，不宽恕自己任何一丝疏漏，脾气也日益变坏。

古代日本围棋名家幻庵因硕，六岁开始学围棋，常常废寝忘食。坚韧不拔的意志，勇往直前的精神，严肃认真的态度，是幻庵因硕名垂围棋史的主要原因。可见，他是一个对自己要求很严格的人。

由于自己在“争棋”中落败，幻庵因硕派出得意弟子赤星因彻挑战当时称雄棋坛的本因坊丈和。赤星因彻是时人公认的新锐天才。倘若他能打败丈和，井上家就能赢得被本因坊垄断多代的“名人”头衔。

在这一盘谁也不肯输的争棋中，双方斗智斗勇，各显神通。赤星因彻不愧是新锐天才，居然一度打得本因坊丈和陷入被动。但在第二天的比赛中，丈和先后下出了三步妙手，彻底扭转了局势。原本略占上风的赤星因彻顿时慌了神。他下出许多狠招拼命追赶，无奈大势已去。下至第246手时，精神压力过大的赤星因彻再也不堪重负，当场吐血昏厥，不久后去世。这局棋就是日本围棋史上最悲壮惨烈的“吐血局”。

从某种意义上来说，古代日本围棋四大家族的“争棋”，和武士决斗一样激烈。唯一的区别是，武士以刀剑决斗会死人，而棋士以黑白棋子决斗不会丧命。

然而，赤星因彻背负着替师尊报仇、替井上家族争夺“名人”称号的巨大压力，再加上他是世人寄予厚望的青年天才，这些因素使得他对自己要求过于苛刻。特别是当占优的局面被本因坊丈和逆转后，赤星因彻的心理完全失衡，再也无法控制自己激动的情绪。于是，围棋史上罕见的悲剧就这样酿成了。

对自己要求严格的人，往往对事物有着异乎寻常的执着。

例如，赤星因彻的师父幻庵因硕，一生中大部分时间都活在屡战屡败的阴影下。他同两代本因坊当家下过几次争棋，结果没有一次是胜利的。他与最钟爱的弟子赤星因彻都输给了本因坊丈和。在弟子含恨而终后，幻庵因硕又三次挑战丈和的继承人本因坊秀和，结果又是全部告负。

但不同于英年早逝的弟子，幻庵因硕虽然也曾在争棋中两次吐血，但他并没有步弟子的后尘。当他被秀和的徒弟本因坊秀策击败后，对秀策的才华佩服得五体投地，从此大彻大悟，不再苛求自己去翻越力所不及的大山。

人的潜力比想象的更大，不逼自己一把，就永远不知道自己能达到什么样的高度。但生活中的事情太多，假如每一件都苛求自己要做到尽善尽美，就不是什么明智之举。

孔子的徒弟宓子贱与巫马期都做过单父城的主官。宓子贱在位期间看起来很懒散，经常弹琴奏曲，也不走出公堂，但单父城被治理得井井有条。巫马期在位期间非常勤勉，天不亮就到官府，天黑了才回自己家，遇到问题都亲手处置。他也把单父城治理得很好，但却把自己累得够呛。

“为什么宓子贱能轻轻松松就完成我废寝忘食才能做到的事情呢？”巫马期对此不解，便去请教宓子贱。

宓子贱解释道：“你的做法叫‘用力’，我的做法叫‘用人’。靠‘用力’做事的人自然会很辛苦，靠‘用人’做事的人当然轻松了。”

宓子贱并不是懒于政事。他善于运用其他人的力量，而不像巫马期那样什么事都独自扛下来。这不仅让自己活得更轻松，也调动了其他人的工作积极性。彼此方便，各得其宜。巫马期固然勤快，但这样事必躬亲会限制其他人发挥自己的才能。久而久之，大家觉得没有表现机会又不被信任，于是变得越来越人浮于事。当其他人变得疏懒时，巫马期就不得不花更大力气去解决因大家懈怠而积压的事务。

孔子对学生宓子贱的智慧很赞赏。在他看来，与其对自己求全责备，累得心急火燎，不如借助众人的智慧来提高效率。

据说荆公子才十五岁就做了楚国的令尹。孔子对此事感觉很奇怪，于是派人去调查。传回的消息是，荆公子的走廊下面有二十五位才俊之士，厅堂之上有二十五位德高望重的长者。孔子认为荆公子十五岁做楚相是理所当然的事。在他看来，集合二十五人的智慧，足以超过圣君商汤王、周武王的智慧；集合二十五人的力量，足以超过大力士彭祖的力量。荆公子虽然很年轻，但能重用贤能治理天下，就不会出什么乱子。

尽管荆公子只是个少年，但他懂得怎样选才和用人。通过组建一个合作无间的团队，让大家共同处置繁重的国务，这与宓子贱的做法是相通的。

对自己要求太严的人，实际上对其他人也不会真的宽容。他们总觉得自己不够好，再拼命一点才符合“正常水平”。但他们同时又看到周围大部分人都是一副“松懈”的样子，心理自然会有些不平衡感。尽管他们对待别人不如对自己严格，但由于他们是按照高标准来看人，所以实际上，他们还是难免对他人求全责备，忍不住为此发脾气。

卢梭有一句名言：“伟大的人是绝不会滥用他们的优点的，他们看出自己超过别人的地方，并且意识到这一点，然而绝不会因此就不谦虚。他们的过人之处越多，他们就越能认识到自己的不足。”

伟大的人虽不会放松对自己的严格要求，却也深知常人要费很多工夫才能做到自己轻松做到的事情。所以，他们能真正做到“严于律己，宽以待人”，不对无关紧要的事求全责备。于是，因为求全责备之心引起的暴躁情绪也就不会产生了。

3分钟自我调节

1. 正确认识自己当前的能力，不要制订超出天花板的目标。
2. 做到同行中的优秀水平即可，不一定要事事争当第一名。
3. 只做现阶段力所能及的事，追求踏实的微小进步，而不要幻想一步登天。
4. 你擅长的事情未必是别人擅长的，多给他人一些宽容。
5. 凡事以“满意值”为基准，确认自己还有余力时再追求“最优值”。

善待自己的人才能真正善待世界

30秒自我定位

你的人生观是下面的哪一种？

A. 人生是一场修行，只有吃苦才能得到福报

B. 人生苦短，应当及时行乐

C. 先天下之忧而忧，后天下之乐而乐

人为什么会有坏脾气呢？具体原因有千万种，但说穿了，无非就是幸福感还不够多，内心尚未得到满足。试想，当一个人对生活各方面都很满意时，幸福感必定会充满全身心，又有什么事值得他发脾气呢？

但是，大多数人是没法一直活在幸福快乐当中的。生活的艰辛在不断蚕食着我们的幸福感，意想不到的变数也会夺走我们的快乐。当你每天睁开眼的时候，最先想到的往往不是轻松愉快的事，更多的是让你感到有压力的事。没办法，这就是生活。酸甜苦辣咸，五味俱全，甜蜜的滋味再多也只占其中的五分之一。

假如你能活够一百岁，能让自己踏实舒心而没有坏情绪的日子有多少呢？这笔账在战国时代就有思想家计算过。

杨朱认为，人类寿命的上限是一百岁，而且百岁老人是千中无一的幸

运儿，许多人活不到这个岁数就离世了。就算你能活到一百岁，年幼无知和年迈懵懂的时间几乎占了半数，晚上睡觉与白天歇息的时间又占去了剩下的一半，生病、失意的时间又占掉再剩下的一半，剩下的十几年里，能舒适、安乐、无忧无虑的时间恐怕连一半都不到。

按照这个算法，人生中幸福快乐的日子连十年都不到。倘若我们平时还不肯善待自己，就会活得更累。一天的大部分时间都用来忧心忡忡，负面情绪层出不穷，脾气又怎么能变好呢？

那我们该怎么做呢？杨朱的看法是，人要爱惜自己的身心，不以名利为奋斗目标，不用纵欲来扰乱心神。在他看来，“生”只不过是暂时来到这个世界，而“死”也是暂时离开这个世界。因此，做人开心就好，不要考虑死后能否青史留名，也不要为寿命的长短而忧虑。当然，杨朱说的开心并不是说你想做什么就肆无忌惮地做什么，而是提倡在不违背自然规律的前提下，正视自己内心的愿望。

说来说去，他的意思无非是四个字——善待自己。

我们努力奋斗以追求财富和地位，无非是想过上好日子。但命运的齿轮一旦开始转动，就不一定会在我们的掌控之中。霍去病智勇双全，年纪轻轻就功垂后世，人生道路十分光明，却仅仅在世界上逗留了二十四年。而姜子牙忍受了七十年的落魄日子，却能助周灭商，东封于齐，立德、立功、立言，还长命百岁。每个人的命运轨迹不同，该怎样生存发展不可一概而论。但百样活法都不该背离初衷——善待自己。

无论你怎样飞黄腾达，只要不够善待自己，还是会让幸福感一路下滑。缺乏幸福感的滋润，心情和脾气只会变得越来越糟，直至让自己更加感到身心俱疲，甚至崩溃。

周朝时有个富户尹氏，一直致力于扩大家产。尹氏的仆役整天起早贪黑地工作。其中一位老仆役累得精疲力竭，还照样被使唤来使唤去。他白天不停地干活，到了晚上倒头就睡。由于精神放松，他每晚都梦见自己成了一国之君，地位崇高，财倾天下，从心所欲，快乐无比。醒来之后，他又重复每一天的操劳。

有人觉得他过于劳苦。但老仆役却说："人生百年，日夜各占一半。我白天给人做仆役，自然是很辛苦。但做梦时就成了国君，整个黑夜都感到很快乐。既然我的人生还有一半快乐时光，又有什么可抱怨的呢？"

老仆役自认为一天中有半数时间是快乐的，生活虽然辛苦，但他很豁达、很满足。但尹氏就没那么顺心了。

尹氏白天为经营家业而累心费神，身心十分疲劳，晚上也是一倒头就睡。但他在梦中的精神却很紧张焦虑。结果他每晚都梦见自己成为别人的奴仆，什么脏活、苦活、累活都干个不停，还常被主家打骂。尹氏夜夜受困于噩梦，一直惊恐到天亮梦醒，然后不得不马上投入新一天的繁忙工作中。

从物质的角度看，老仆役的生活是苦的，尹氏是幸福的。但事实上，老仆役的幸福感更高，身心更健康。尹氏的幸福感极低，总觉得自己一天十二个时辰都在受苦受累，于是他向友人大吐苦水。

友人说："你现在的社会地位已经够荣耀了，财产也多得一辈子用不完，成就已经强过他人很多了。至于你在梦里总是做奴仆，这是因为人生就是一苦一乐循环往复的。你无论醒时、梦时都想获得快乐，这么贪心的要求，怎么可能实现呢？"

尹氏听了友人的话，顿时醒悟。当然，他此后还继续经营自己的产业，只是放宽了仆役们的工期。由于不像过去那样苛刻算计，他的精神压力大大减轻，饮食起居也都有所好转。仆役们也因为工期放宽而不那么苦累。最终，老仆役与尹氏的痛苦都比以前减轻了，各自的幸福感都有所提高。

我们很容易因大大小小的事而失去好心情。不知怎样排解坏情绪，更不知怎样克服积重难返的坏脾气。确切地说，这些都是不会善待自己的表现。

被大家公认为脾气坏的人，几乎都常用自己的负面情绪来伤害他人。或者说，他们平时一直觉得世界待自己不好，于是也对世界缺乏应有的敬意。归根结底，坏脾气的人心中对生活充满抱怨，觉得周围的一切都不美，不值得珍惜，所以总是拿身边的人或事物来撒气。他们一方面觉得自己不够幸福快乐，另一方面又用坏情绪给自己添堵。连自己都不能善待，又怎么能以积极的态度直面困难呢？又怎么能从生活的酸甜苦辣咸里发现更多的甜蜜呢？

毫不夸张地说，只有那些懂得善待自己的人，才能真正管理好自己的情绪，养成让大家都感到亲切随和的好脾气。因为他们既爱惜自己，又热爱生活，不会总拿负面情绪来折磨自己的心灵，也不会一味抱怨生活，而看不到令人幸福快乐的精彩瞬间。当你学会善待自己时，才能不断以积极的心态来克服逆境，不断发现生活中的乐趣与美好，让自己活得更加幸福。当你学会善待世界时，世界也会反过来善待你。

人生在世难免有沉有浮，但无论是一时失意还是春风得意，坏脾气都是降低我们幸福感的毒药，让我们在逆境中一蹶不振，在顺境中忘乎所以。因此，想要从根本上改变坏脾气，就得养成善待自己的人生观。

3分钟自我调节

1. 考虑问题时以善待自己为大前提，不要刻意自苦自虐。
2. 喜怒哀乐都顺其自然，以不让自己身心俱疲为限度。
3. 对比一下自己发脾气后的处境是否比发脾气前更好。
4. 多看自己的优点，肯定自己的存在价值。
5. 永远不要放弃寻找生活的乐趣。

第6章 SIX

不怕情绪低落，只怕不懂找乐

情绪失控的坏脾气者，没有哪个不是快乐指数偏低的。他们可能有众人羡慕的大富大贵，也可能日子过得紧巴巴的，但无论哪种情况，都在缺乏幸福感这点上相似。负面情绪过载会使坏脾气者长期处于心情低落状态。焦虑不安、暴躁易怒就是其常见表现。

负面情绪就像病毒一样会传染。你的坏心情会影响到身边的人，而其他人的坏情绪也会传染给你。想要保持情绪稳定，就得学会将外来的“情绪病毒”阻挡在心外，但这并不代表我们要无差别地“消灭”所有的负面情绪。正面情绪与负面情绪的关系如同水与火。水火难相容，却又能相辅相成煮出美味佳肴。负面情绪的存在有着其不可或缺的价值，而且在一定的条件下可以转化为正能量。维持两种情绪的平衡，是我们管理好脾气和提高快乐指数的关键。

人生充满艰辛，岂能事事如意？但这并不是阻止我们用心寻找生活乐趣的理由。将万种辛苦付之一笑，有助于缓解我们的心理疲劳。如果心太累了，脾气自然好不了。快乐是装点生活的魔术师，也是化解心头块垒的特效药。心中充满快乐的人，不会用乱发脾气的办法来减轻压力。他们甚至可以化解别人的低落情绪。当你心情不佳时，应该开动脑筋寻找乐趣。靠泄愤来出气是无法获得真正的快乐的。只有用心发现生活的快乐，你才能对世界报之以甜美的微笑。

防止“情绪病毒”的传染

30秒自我定位

当身边的人散播“情绪病毒”时，你会怎样应对？

A. 帮助他们解决困难，拔除“情绪病毒”

B. 情绪受到感染，变得和他们一样心情败坏

C. 不受影响，保持自己的情绪稳定

一滴水落入湖中，会引起一圈圈的波澜。无数滴水落入湖中，各自引起的波澜就会激荡出波浪。人心好比是湖面，能时刻保持情绪稳定的人，被称作是“心如止水”。而绝大部分人都没达到这个境界，很容易被周围人的情绪激起心中的波澜。

情绪的传染力是惊人的，一不留神就会传遍千里。一个每天阳光、快乐的人，可以让大家在不知不觉中感到轻松舒畅；而一个成天发牢骚的人，会把周围人的心情都弄得很糟糕。如果把这两种截然相反的人放在一起，谁的情绪能量大，谁就能占据主导地位。但相对而言，负面情绪总是比正面情绪传播得更快，也更容易影响人们的心情。

宋仁宗皇祐年间，侬智高反叛宋朝，横行两广。朝廷派了许多大臣去镇压，都被剽悍、狡黠的侬智高打得落花流水。武将狄青主动请战，于是

正焦头烂额的宋仁宗派他南下征讨叛军。

此前，宋军不少指挥官轻敌冒进而战败身亡，使得北宋官军士气低迷。狄青严令各部兵马不得擅自与侬智高交战，必须服从指挥。但北宋重文轻武，带兵者多是看不起武夫的文臣。广西钤辖陈曙在狄青还没赶到时，就率八千士兵进攻，结果被叛军打得落荒而逃。

悲观情绪在军中蔓延。尽管朝廷派出的兵马远多于叛军，但大家都畏惧骁勇善战的侬智高，所以才令其横行两广。怎样阻止这股“情绪病毒”继续扩散，成为狄青打赢此战的关键问题。当时的南方习俗很重视鬼神，于是狄青想到了一个妙计。

他带部队行军至桂林之南时，就开始向神灵祈祷，拿出一百枚铜钱来占卜。狄青对众人说：“这次战事吉凶难以预料，假如我军能克敌制胜，就请各路神灵让这一百枚钱都正面朝上！”

狄青突发奇想的祈祷，可把随行众官员给吓坏了。一百枚铜钱全部正面朝上的概率小得可以忽略不计。只要没抛出这个结果，全军将士肯定觉得彩头不好，更加悲观厌战。所以，他们纷纷劝“狄天使”（狄青的绰号）不要做这么打击士气的事情。但狄青我行我素，在全军的围观下抛出了铜钱。

结果真是“神了”，一百枚铜钱居然全部正面朝上。众将士见小概率事件发生了，认为真的有神灵庇佑，此战肯定能大获全胜。他们顿时欢呼雀跃，声音震动了整片树林，此前的颓废、悲观情绪一扫而空。

狄青见状，立刻命人用一百根铁钉将铜钱钉在地上，并亲手盖上布将其封好。他高声喊道：“等我们得胜归来，再收回这些铜钱。”后来，宋军的将士们在狄青的出色指挥下，很快平定了侬智高的叛军。回师途经掷钱处时，大家把铜钱拿起来一看，却发现原来这一百枚铜钱两面都是一样的。如此一来，无论怎样抛掷，都会得到那个有“生来庇佑”的好彩头。

众人这才恍然大悟，对狄青佩服得五体投地。

假如狄青没能阻止“情绪病毒”的蔓延，宋军官兵就会继续怯战，不敢与侬智高交锋。进一步说，本来可以解决的边疆问题说不定就会变得积重难返。

卓越的人无论是顺境还是逆境都会坚定自己的意志，不被他人的负面情绪扰乱自己的脚步。但大部分人还达不到这个境界。当周围的人都欢欣鼓舞时，自己就精神振奋、干劲十足；当周围的人都垂头丧气、牢骚不断时，自己也被感染成了怨天尤人的坏脾气。尽管我们都知道情绪太容易受影响不是件好事，但还是很难成功阻挡他人的“情绪病毒”传染。盲从他人的情绪比盲从他人的意见更加隐蔽。诚然，我们的喜怒哀乐不光与自己有关，也常与身边的人有关。特别是那些关心朋友的热心肠者，很容易感知到别人的负面情绪，也很容易因为过于操心他人的烦恼，而在不知不觉中让自己的心情也跟着沉重起来。众所周知，水能洗干净世间万物，但由此付出的代价是水自己变成了充满杂质的脏水。有些热心肠的朋友，生活轨迹也和洗涤万物的水差不多。

坦率地说，把别人身上的负能量驱散是本事，但把别人身上的负能量转移到自己身上则是愚蠢。只有那些善于克服自身负面情绪的人，才能有效抵御外来负能量的侵蚀，同时反过来驱散他人背负的负能量。

二战时期的美国海军太平洋舰队司令尼米兹与太平洋战区盟军司令麦克阿瑟平起平坐，又时常要面对不同军种之间的利益冲突。尼米兹为人宽厚，几乎很少高声说话，对待他人很随和。麦克阿瑟则不然，他自恃在美军众将中资历最老，既看不起时任美国总统罗斯福，也瞧不上其他美军名将，包括海军的头领尼米兹。因此，麦克阿瑟经常给其他人找麻烦，惹得众人不快。

但是，尼米兹为了大局考虑，从来没有公开表示过对麦克阿瑟的反感，甚至在私人场合也没有抱怨过。

更有趣的是，尼米兹的办公桌上长期摆着一个相框。相框里嵌着从报纸上剪下的麦克阿瑟的照片。所有美国海军官兵都不理解为什么司令官整天让自己面对着麦克阿瑟那张神气活现的脸，而尼米兹对此也没做出任何解释。

终于有一天，尼米兹对自己的一位密友透露，他这么做是为了让自己每天一坐在办公桌前就能看到这张照片，以此来提醒自己在接人待物时绝对不要像照片上的人那样“威风凛凛，暴跳如雷”。

从这则趣闻来看，尼米兹将军对麦克阿瑟的臭脾气也没什么好感。其实，以尼米兹将军本身的和善个性，完全不会变成那种动辄暴跳如雷的臭脾气。但他是个极富反思精神的人，生怕自己也染上同样的坏毛病，所以坚持以这个反面教材来不断警醒自己。这个特立独行的做法，让尼米兹始终习惯在不动声色中挥洒豪情，而不靠高嗓门来树立权威。他一生都在军中保持着极高的威望与极佳的口碑。

所以说，要想保持良好的心态，就得学会将外来的“情绪病毒”阻挡在心外。

《说苑》有言：“不修其身，求之于人，是谓失伦；不治其内，而修其外，是谓大废。”这段话说的是，人如果不注意提高自身修养，只是一味地求助于他人，就会失却伦常；不注重管理好自己的内心，只是一味地去关注外物，这是对自己的不负责任。

从各种意义上来说，周围的人传来的“情绪病毒”都是身外之物。尽管按照人的本能很难绝对不受他人情绪的影响，但你完全可以用坚定的内心把这种影响降低到可以忽略不计的程度。

好脾气的人并非完全与他人的情绪隔离。他们的过人之处其实是情绪免疫力超强，就算路过“情绪病毒”扩散的“高位地段”，也能挥一挥衣袖，不带走半点负能量。坏脾气的人则是情绪免疫力太差，稍微接触一下就被“情绪病毒”击垮了。

我们身边有各种各样的人，不可能都是修养极高的优雅君子。我们会遭遇各种各样不顺心的事，甚至一个负面的新闻报道就能让你整个上午心里都不痛快。“情绪病毒”就像细菌一样无处不在。你不可能一直生活在无菌状态，也无法活在与“情绪病毒”绝对隔离的环境。唯一能做的就是提高自己的“情绪免疫力”，不被外来的负面情绪搅乱心神。

3分钟自我调节

1. 不该你担心的事情就不要越俎代庖。
2. 当你想宽慰坏心情的某人时，自己先得保证心情不被带坏。
3. 假如你不能帮别人消除负面情绪，就不要自作聪明地插手。
4. 寻找一个反面教材，时时刻刻提醒自己要保持良好的情绪状态。

负面情绪也能给你带来正能量

30秒自我定位

你是否有过这样的经验？

A. 化悲愤为力量

B. 化恐惧为醒悟

C. 化焦虑为行动

太极图也许是人类史上最富含哲理的Logo（徽标）：黑白并存，互相转化，运动不止。人的情绪也分正面与负面两大类型。我们本能地喜欢正面情绪而讨厌负面情绪，但这两者都有其不以主观意志为转移的存在意义。假如说正面情绪是前进的动力，那么负面情绪就是前进的阻力。只有动力与阻力同时存在，我们才能在应该前进时高歌猛进，在应该停下时悬崖勒马。此外，在特定的情况下，负面情绪也可以转化为我们前进的动力，甚至爆发比正面情绪更强大的力量。

想让一个人勇于战斗，有很多种方法。可以用丰厚的奖赏来激发他的干劲，可以用严厉的处罚来迫使他不得不拼死一战，这些在历史上都有成功案例。但相对而言，更有效的办法是活用“哀兵必胜”原理。

战国时期的齐国本来是一个连强秦都畏惧三分的超级大国。后来在燕昭王、苏秦、乐毅等人的精心谋划下，齐国被五国联军打得元气大伤。乐毅率领燕军迅速攻克齐国首都临淄，又分兵掠地，在五年中攻克了齐国七十余城，只剩下莒城与即墨两座大城市没有投降。即墨守将田单顽强抵抗，成为乐毅的劲敌。燕昭王的去世让形势发生了重大变化。乐毅与新即位的燕惠王关系不合，燕惠王让别人取代了乐毅的职位，乐毅干脆出走到了赵国。燕军将士对这件事感到很气愤。

齐国反攻的机会来了。但令田单头痛的是，几年的艰难困守让即墨军民的士气很低落，在这种精神状态中是不可能赢得胜利的。于是，田单想了很多怪招来激励军民士气。

一天，田单故意放出消息："我非常害怕敌军将齐军俘虏的鼻子割掉，并迫使他们在阵前与昔日同袍作战。万一敌军这么做，即墨怕是要沦陷了。"燕军信以为真，真的这样做了。即墨城中的军民看到那些被俘虏的齐军士兵被燕人割掉了鼻子，都义愤填膺，更加拼死抵抗。田单又放出流言说："我最害怕燕军挖我们在城外的祖坟，羞辱我们先人的遗体。若是看到这个场景，我会感到万分寒心。"燕军闻讯后，果然挖了城外齐人的坟墓，焚烧死尸。即墨军民看到这般暴行，差点哭得两眼流血，对敌人恨得咬牙切齿。他们纷纷向田单请战，发誓要与燕军拼个鱼死网破。

就这样，即墨军民的士气被彻底激发到了饱和状态。田单趁机施展"火牛阵"奇袭燕军，不仅一举打败了围城的燕军，还乘胜追击光复了整个齐国。

周武王曾经问姜太公怎样选编士兵。姜太公列举了十一种不同类型的人，其中有五种特殊人群，分别是：

其一，死斗之士。这群人曾经是贵族大臣，因种种缘故失去了官爵。他们想建立功勋重新返回上层，所以能冒死战斗。

其二，敢死之士。这群人是那些阵亡烈士家庭的子弟。他们想为自已的父兄报仇，所以敢于冒险赴死。

其三，励钝之士。这群人的成分比较杂，当过赘婿的人（古人歧视入赘），被敌军俘虏过的人，想要扬名遮丑的人。他们都想用建功立业来光宗耀祖，干劲特别足。

其四，必死之士。这群人不甘于一辈子贫穷，想通过立功受赏来获得富贵，上进心比较强。

其五，幸用之士。这群人是免罪的刑徒或想要掩盖耻辱的人。他们有强烈的奋发雪耻之心。

从某种意义上说，这五种人都怀有各式各样的强烈的负面情绪。如果能善加利用，就能够让他们焕发出强大的精神力与战斗力。这就是把负面情绪转化为正能量的原理。

除了具有激励斗志的奇效外，负面情绪还有助于我们在一帆风顺时避免犯骄傲自满的错误。自省是一种美德，反思是一种智慧。而驱动这种积极思维的能源，恰恰是我们并不喜欢的负面情绪。

春秋时的赵襄子是晋国的卿大夫，他在位期间致力于与北狄交战。有一次，他派新稚穆子去攻打北狄，不仅大破敌军，还一鼓作气拿下了左人、中人两座城池。新稚穆子派人从前线回来报捷，赵襄子当时正在吃饭。他听到捷报后，不但没有心情大快，反而面带愁容。

左右的人问："我军只用了一个早晨就拿下两座城池，这本该是大家都感到高兴的事，为什么主君却一脸愁容呢？"

赵襄子说："江河涨潮再厉害，三天就退潮了；暴雨下不到一个早晨就会停止；太阳升到天空正中没多久就开始逐渐变成斜阳。我们赵氏的德行积累得并不深厚，却能在一个早晨攻取两座城池。赵氏大概要在我手里败亡了吧！"

孔子听到了这番话后，却赞许地说："赵氏大概要走向昌盛了！"因为在他看来，取得胜利并不难，难的是保住到手的胜利果实。贤明的人都对忧患感到发愁，于是谨慎行事而不妄为，从而能保住胜利的果实。

由此可见，负面情绪太多固然是坏事，但只保留正面情绪而完全否定负面情绪，既不合乎客观规律，也会从另一个方面带来新的问题。

因此，我们应该辩证地看待这两种情绪。想要避免坏脾气的养成，一方面要千方百计地排泄多余的负面情绪，不让它产生精神毒素，另一方面也要善于开发负面情绪中隐藏的价值。有负面情绪不可怕，可怕的是不能主动把负面情绪往正能量的方向引导，而是放任负面情绪吞没自己。

3分钟自我调节

1. 不要害怕自己的负面情绪，但要保持积极的思维方式。
2. 春风得意马蹄疾时，需要用负面情绪抑制一下自己愈发膨胀的内心。
3. 无论是正面情绪还是负面情绪，都以不过度为基准。
4. 悲愤之时应怀雪耻之心，而不是自怨自艾。
5. 把负面情绪转化为正能量，才能让你获得更大的快乐。

付之一笑是消除心理疲劳的良药

30秒自我定位

你每天出现频率最高的表情是什么？

A. 微笑

B. 皱眉

C. 面无表情

“我颠颠又倒倒，好比浪涛。有万种的委屈，付之一笑。我一下低，我一下高。摇摇晃晃不肯倒，酒里乾坤我最知道。”这是著名动作片演员成龙演唱的电影《醉拳2》的主题曲。这首旋律欢快的曲子，洋溢着不怕艰辛、豁达乐观的生活态度。其中最有哲理的便是那句“有万种的委屈，付之一笑”。

有的人在高枕无忧、什么都不缺的优越环境下，照样会绷着一张脸；有的人则在困顿潦倒时依然能保持微笑。从某种意义上说，那些能将万种委屈付之一笑的人，不仅是自身情绪的优秀管理者，也是调剂众人生活的高手。

美国二战名将艾森豪威尔是个性格宽厚、豁达的人。出任盟军统帅的他，常常绞尽脑汁来协调美英两国多位个性名将的分歧与冲突。尽管过程十分曲折艰苦，但最终结果总能令大家满意。这便是艾森豪威尔的独到之处。

英国名将蒙哥马利的个性孤僻乖张，是盟军中有名的驴脾气将军。但他在亲笔信中对艾森豪威尔说："我并不认为自己是一个温驯的部下。我喜欢我行我素，但在您的英明引导和宽厚、容忍面前，我愿意承认我的错误。"能让以傲慢自负著称的蒙哥马利心悦诚服，艾森豪威尔的情绪管理艺术不可谓不高。他最常用的武器就是"付之一笑"。

有一次，艾森豪威尔冒雨亲自到前线视察，并在阵前对官兵们发表了演讲。演讲完毕后，他正准备坐车离开。不料，脚下突然一滑，在大庭广众之下重重地跌了一跤。

官兵们忍不住笑场了。那支部队的指挥官赶紧上去扶起这位盟军最高统帅。他为自己部下的无礼行为向艾森豪威尔郑重地道歉。谁知，艾森豪威尔故意附在那位部队指挥官的耳边，大声地喊道："没关系，我相信这一跤比刚才所讲的话更能鼓舞士气。"这句灵机一动的幽默让官兵们发出了更响亮的笑声，化解了尴尬的气氛。果然，这支部队士气大振，作战很勇敢。

这并不是艾森豪威尔唯一将烦心事"付之一笑"的事例。

在他的强烈要求下，反法西斯同盟的领导者们批准了他策划的"霸王行动"（即著名的诺曼底登陆）。被迫放弃原计划的英国时任首相丘吉尔甚至被艾森豪威尔逼得老泪纵横。这个颇有风险的出奇制胜计划给艾森豪威尔带来了很大的压力。在诺曼底登陆之初，敌军的抵抗十分激烈，美军官兵伤亡惨重。艾森豪威尔也因为战事不顺而变得脾气暴躁。

就在这时候，盟军野战医院的血库告急，号召人们踊跃献血。身为盟军最高统帅的艾森豪威尔马上为众人做表率。他刚献完血准备离开时，一位伤兵认出了他。伤兵大声喊道："将军，我希望血管里能输进您的血！"艾森豪威尔听到这话，停下来笑着说："我也希望如此，只是希望你输血后，千万别染上我的坏脾气！”这句包含了自我批评的自嘲，让艾森豪威尔的人格魅力展露无遗。

面对尴尬场面，不气急败坏，而是轻松地付之一笑；面对他人的赞扬，不得意忘形，只是淡淡地付之一笑。正是这种豁达的情绪管理艺术，让艾森豪威尔折服了一干脾气暴躁的名将们。

将不快之事付之一笑，可以最大限度地拔出你心中的负能量毒素。你露出的笑容，不仅是嘴角往上翘，而是十七块面部肌肉共同作用的结果。医学专家认为经常发笑有很多好处：笑能增加我们的肺脏的呼吸量，笑能帮我们清洁呼吸道，笑能帮我们抒发健康的感情，笑能消除我们的紧张情绪，笑能让我们的肌肉变得放松，笑能帮我们消耗多余的精力，笑能驱散我们的愁闷心情，笑能缓解我们的精神压力。

所以说，如果想保持生理与心理的健康，想让自己的眼睛看起来更加炯炯有神，就应该经常笑一笑。

在生活中有很多不顺心的事让人笑不出来。大家或报之以愤懑，或报之以焦虑，或报之以忧愁，总之就是情绪不好了，脾气涌上头了。这是常规的应对方法，效果并不是很好。但有些心态豁达的睿智人，以付之一笑的宽和态度来冷静处理，有时候却会收到奇效。

我们在前面提到过的第二次世界大战时的美国海军太平洋舰队司令尼米兹几乎没什么明显的性格缺点。他对部下们非常亲切，部下们也愿意为他出生入死。类似下面的小故事在他的戎马生涯中屡见不鲜。

某一天，尼米兹的副官说了一件很有趣又很荒唐的事。“刚才卫兵报告说，‘企业号’航母上的一名海军士兵，执意要跑到太平洋战区司令部来向总司令（即尼米兹）表示‘敬意’。”副官只当成一个笑话。谁知尼米兹却认真地说：“让他进来！”

那位海军士兵一见到尼米兹总司令竟然激动地放声痛哭。他边哭边坦白说，他这样做是因为与战友们打赌说自己能见到总司令，而战友们都认为他肯定见不到。假如真能见到就输给他几百美元。所以，他横下心来碰碰运气，没想到总司令真的会接见自己。

如果换成其他的高级将领，首先不会让这位无名小卒进办公室，其次会对他荒唐的理由发脾气。尼米兹的第一反应却是付之一笑。

他安慰正感惶恐的海军士兵说："为了让你赢得这笔钱，还得有个证据才行。"于是，尼米兹让副官找来摄影师，与那位胆大包天的海军士兵合影留念，让他把这张照片拿回去作为证据。此举又把这位海军士兵感动得稀里哗啦的。于是全军上下都对尼米兹将军敬佩有加。

人在遇到挫折与冲突时，很容易进入心理疲劳状态，难以有效排解负面情绪，从而让负能量不断在心头堆积。心理疲劳的反面就是心情舒畅。想要做到这点，就得学会对种种事都付之一笑，而不是用更紧张、焦虑的态度来对待让你紧张、焦虑的事。

3分钟自我调节

1. 有人无意冒犯你时，一笑了之，不做无谓的纠缠。
2. 有人嘲笑你时，报之以大度的微笑，而不是反过来嘲笑对方。
3. 再苦再累也要学会每天露出微笑，让自己放松下来。
4. 无论一件事是以怎样的情绪开头，最后都争取用一个微笑来结尾。

快乐的密码就是“取之有道”

30秒自我定位

你获得快乐的方法是什么？

A. 把一切抛之脑后，尽情地玩耍

B. 正视问题，深入思考，大彻大悟时自然就快乐了

C. 向他人倾诉以寻求开导

先来讲个笑话。

从前，有一只海鸟降落在鲁国郊野。鲁国国君以为这是天降祥瑞，于是把这只海鸟迎入太庙，让乐师为它演奏传说中十分悦耳的名曲《九韶》，用猪、牛、羊三牲作为它的膳食。这只海鸟被吓傻了，不敢吃一块肉，也不敢饮一杯酒，三天就一命呜呼了。

孔子说鲁君是“此以己养养鸟也，非以鸟养养鸟也”。意思是说鲁君是按照自己的习惯来养鸟，而不是按照鸟类的天性来养鸟。

鸟栖息于树林，在天空中盘旋，在江湖上捕猎。吃的是昆虫、鱼虾、杂粮等食物。无论是成群结队，还是独自单飞，鸟类追求的是悠闲自在。鸟听见人类的声音都感到厌烦，哪会喜欢《九韶》古乐呢？假如把优美的古乐拿到野外去演奏，鸟会被惊飞，兽会被吓跑，鱼也会潜到水底，只有

人才会围拢过来美滋滋地欣赏音乐。这是因为人与鸟类的本性不同，所以好恶也相去甚远。假如违背各自的本性来生活，只会招惹麻烦，肯定得不到真正的快乐。

我们常犯的错误，就是用自认为正确的想法去对待他人，主观上是想让大家都快乐，客观上却搞得彼此都难过。这主要是因为我们很少考虑他人的实际需要，甚至连自己的实际需要都没好好考虑清楚。

在负面情绪产生的那一瞬间，我们已经感到不快乐了。从某种意义上说，不快乐意味着我们的某种需求没得到充分满足，而这又恰恰让人感到了一定的压力。人是一种很奇怪的生物。明明有出色的思考能力，却又更容易产生困惑，从而陷入苦闷当中。

庄子说："夫天下之所尊者，富贵寿善也；所乐者，身安厚味美服好色音声也；所下者，贫贱夭恶也；所苦者，身不得安逸，口不得厚味，形不得美服，目不得好色，耳不得音声；若不得者，则大忧以惧。"

这段话精辟地概括了人类亘古不变的各种追求：世人尊崇的无非是富有、高贵、长寿和善名；身体的安逸，美味的饭菜，华丽的服饰，鲜艳的色彩，悦耳的音乐，都是世人所喜爱的。世人所鄙视的无非是贫苦、卑贱、夭寿和恶名；身体不舒服，吃不到好东西，穿不到好衣裳，看不到缤纷色彩，听不到悦耳的声音，都会让世人感到忧虑与恐惧。

无论大家是否有车、有房、有存款，追求的东西都类似。当然，有的人只能天天吃馒头、咸菜、方便面，有的人则可以经常吃鱼翅、海参、佛跳墙。这就是对同一欲望诉求的不同层次的满足。

按照我们的直觉，幸福就是能最大限度地获得当前社会所能产出的丰富的物品。简单说就是把快乐诠释为能获得更多想要的东西。通常来说，更多的财富与更高的地位，可以确保我们获得更多的资源。所以，大家都对"富"与"贵"孜孜而求。可是在这个过程中，人又很容易迷失自己，陷入越富贵越烦恼的怪圈。

巴东下岩院的某代主持得到一只青瓷宝碗。若头天在碗里放一朵鲜花供奉佛像，第二天就会得到满碗的花；往里面放一粒米，第二天就会变出一整碗米；往里面放金子、银子，第二天就会变出更多的金子、银子。下岩院从此变得十分富裕。但主持年迈之时，在一次过江途中把青瓷宝碗丢入了江中。众弟子都惊诧不已。主持解释道："为师圆寂之后，汝等可以做到清心自守吗？把这宝碗舍弃，就是不希望你们在贪念中沉沦啊！"

高僧修炼出了知止不殆之禅心，但他深知人的欲望难以用佛法化解，干脆断了弟子们迷失自己的诱因。早在许多年之前，庄子已对类似的现象发出了很多感慨。

在他看来，富有的人劳神苦思，积攒的财富虽多却没法全部享用，真是太不爱惜身体了。高贵的人整天为怎样保住现有地位而战战兢兢，忽视了对身体的保养。人一生下来就会有烦恼。长寿之人脑子越来越糊涂，还长期活在现世的忧患中，也是一种亏待身心的痛苦。

其实，庄子不确定这些世俗之人竭力追求的东西是否真能带来快乐。假如不能带来快乐的话，大家为何还要奋力追逐，摆出一副不达目的不罢休的架势呢？可那些如果真的能带来快乐，为何这些追逐者却又经常感到烦恼与痛苦呢？

这个问题太复杂了。但认真说起来，我们不一定非要弄清楚答案。关于这点，战国时的杨朱与孟孙阳早有论述。

孟孙阳问杨朱："如果一个人敬畏生命，爱惜身体，可以永生不死吗？"

杨朱摇摇头说："人没有不会死去的。"

孟孙阳又问："那可以凭借这一点来获得长寿吗？"

杨朱还是摇头，说："没有这个道理。生命并不是由于我敬畏它就能存在的，而身体也不是只要我们爱惜它就能保持壮实的。况且，那么长寿有必要吗？今人的好恶和嗜欲与古代人没什么两样，身体的安危与古代人没什么两样，世间琐事的苦乐还与古代没什么两样，社会的变迁治乱也是如此。已经听到、看到、经历了那么多相同的事情，活一百岁都嫌多，何况是长生不老的烦恼呢？”

孟孙阳说：“也就是说，早点死掉比长久活着更好了。这样的话，赴汤蹈火就可以满足心愿了。”

杨朱依然摇头，说：“不对。既然我们已经在这个世界上降生了，就应该听任自然，希望做什么就去做什么，直到寿终正寝。如果即将去世了，也应该听任自然，尸体该放哪就放哪，直到骸骨自然消失。放弃多余的人为努力，一切顺其自然，何必考虑早一点死还是晚一点死呢？”

大概每个人都思考过人生的意义，以及自己为什么活着。这么哲学的问题，很难有个标准答案。与其一辈子为此劳神苦思，忘却了怎样寻找生活中的快乐，不如学习一下杨朱先生，放弃对这个根本问题的追问。因为人的生老病死都是由自然规律主宰的。既然活着，那就不要管什么人生意义，好好生活就是最大的意义。虽然人终有一死，但没必要害怕，也没必要轻视生命。既然老天没打算提前收你，又何必赶着再入轮回重新投胎?

人与人之间差异很大，各有各的追求，各有各的苦闷，也各有各的快乐。拿单一的标准对所有人做一刀切的要求，就和开头说的那个笑话犯了同样的机械主义错误。

世界上的快乐多种多样，而且获得快乐不止一种途径。但所有的快乐都有一个通用的原始密码，那就是“取之有道”。

战国时的严恢问道家名士列御寇：“学习道义的目的是获得富贵。既然现在已经富贵了，还需要道义吗？”

列御寇批评道：“夏桀和商纣两位亡国之君就是因为只看重利益而抛弃道义才招致灭顶之灾的。假如人丢掉了道义，就只不过是靠吃饭活着罢了，这是鸡犬的活法。靠爪牙斗争，以武力争夺饭碗，弱肉强食，这是野生动物的活法。按照鸡犬禽兽的生存方式来活着，却想要大家尊敬自己，这是不可能做到的事情。倘若大家都不尊敬你，那么危险与侮辱就迟早会降临到你的头上。”

“取之有道”就是在尊重自然规律与社会法则，不违反道德伦理的前提下追求自己想要的东西，满足自己心中所需。这样才能获得长久而安稳的快乐，而不会为没得到自己不该得的东西而抱怨、恼怒。

3分钟自我调节

1. 以平静的心态看待生命，不轻生，不畏缩，也不胡乱折腾。
2. 无论自己想要什么，都应该量力而为，以免因求而不得陷入痛苦中。
3. 学习知识与实践道理是提高生命质量的必备手段。
4. 顺应自己的真实需要来生活，而不是按照某个“标准”来扭曲自己的本性。
5. 无论追求什么东西，都应该坚持取之有道。

第7章 SEVEN

保持镇定，才不会被内心的恐惧吓呆

每个人都曾有过因恐惧过度而失态的时候。比如，小时候怕黑，不敢半夜一个人去上厕所。又如，去参加某次考试，因为害怕自己会考砸而变得焦躁不安。人一旦失去了平常心，就无法有效控制自己的内在情绪与外在表现。初生牛犊不怕虎，主要是因为牛犊不知道老虎的厉害，自认为有实力战而胜之，所以没有危机感。一旦牛犊见识了老虎的凶猛，就会像老牛一样畏虎。

当人们觉得自己的能力不足以摆平潜在的危机时，就会产生恐惧情绪。恐惧情绪也许是杀伤力最大的坏情绪。当恐惧累积到了一定程度时，人的精神就会崩溃。恐惧很容易让人与胜利失之交臂，走向原本可能避免的失败。自己吓唬自己的人，更是会不战而败，与成功彻底绝缘。

但话说回来，恐惧是每个人都会有的情绪，就像汽车的制动器一样帮我们在需要的时候刹车。恐惧情绪可以让人们提高警觉性，更容易察觉潜在的危机。但一般人很难把这种情绪控制在合理的范围之内。

每个人都有恐惧的时候。但不同的是，懦夫会被恐惧搞得情绪失控，对世界总是怀有怨气，所以脾气可能变得越来越坏；而勇敢者则有克服困难与恐惧的信心，从而对世界多一分宽容，进而保持良好的修养与脾气。人的一生就是一个不断冲出恐惧牢笼的过程。学会在任何情况下保持镇定，是控制情绪的必修课。

想控制好情绪，先克服恐惧

30秒自我定位

你在心怀恐惧的情况下会有什么样的表现？

A. 六神无主，脑袋发蒙

B. 用比平时更暴躁的表现来掩饰内心的不安

C. 尽量让自己冷静下来想办法

三国时期，魏将张辽曾经遇到过一次险情。半夜时分，军营突然起火，有叛乱者制造骚动。就在众人陷入极度恐慌时，主将张辽却对左右亲信说："不可乱动。这定然不是全军哗变，只是有叛乱分子趁机蛊惑他人罢了。传令全军，没参与叛乱者一律原地坐着不动。"这道命令一传下去，士兵们纷纷像平时训练的那样坐下。张辽则亲自率领数十名亲兵守在阵中。过了一会儿，整个军营都稳定了下来。于是，张辽立即指挥大家捕杀叛乱的首谋者，这次动乱就这样被迅速平定了。

魏军士兵们突然遇到叛乱，不知形势如何，情绪因过度恐慌而普遍失控。张辽则巧妙地让众人镇定下来，分清敌我，于是很快控制住了局面。

由此可见，当遇到超出掌控能力与认知范围的事情时，人会本能地感到恐惧，表现容易失常。只有克服自己的恐惧，才能保持情绪稳定。

《功夫小子》里有这样一段剧情：男主角金米可以轻松地跳过一条小溪。然而，面对同样宽度的悬崖，金米却不敢跳到对面的山头。师父用木剑进攻时，金米腾挪躲闪，游刃有余。可是，当师父把木剑中隐藏的真剑露出来时，金米却突然变得很迟钝，被划伤了好几道口子。

毫无疑问，以金米的实际能力，完全可以跳过深谷并躲过师父的真剑。但他心中多了一分恐惧情绪，致使自己无法发挥出正常的水平。

跳过小溪的最坏结果，也就是掉进水里，弄得自己浑身湿透，但跳过悬崖的最坏结果是失足摔死。被木剑打中虽然会受伤，但不会致命，但被真剑击中则有可能身亡。人总是会下意识地对最糟糕的情况感到恐慌。这种本能可以让我们变得警醒，以远离潜在的威胁。但当恐惧情绪失控时，人的身心就好比是上了一道枷锁，手脚无法正常施展。金米害怕“万一”出现最坏的结果，自己就会坠崖摔死，或者由于自己的躲闪动作变得僵硬，无法准确躲过真剑。

最终，在师父的点拨下，金米克服了恐惧情绪，稳住了自己的心神，果然能轻松地跳过悬崖，还成功以空手接下了师父的剑。

发挥失常是日常生活中屡见不鲜的现象。有一种人实际上很优秀，可临场表现之糟总是令众人大跌眼镜。难以克服的怯场令他们本该宽广的道路变得狭窄。

战国时代的列御寇曾经向隐士伯昏瞀人表演射箭。他把弓弦拉到满月状，持弓的手臂上置放着装满水的杯子。他全神贯注，如同泥雕木偶般纹丝不动，前一箭刚射出去，后一箭已拉满弦，杯子中的水居然没有洒出来。可见列御寇的射箭技术的确高超。

但伯昏瞀人却认为列御寇还没达到化境。他带着列御寇登上高山，踏上了一块摇摇晃晃的岩石，岩石旁边就是看不见底的万丈深渊。伯昏瞀人背对深渊倒退着走，两脚有三分之二的面积悬空时才停下，对着列御寇拱手作揖，请他也过来。但列御寇此时已经害怕得四肢伏地，汗水都流到了脚后跟上，哪还有心力去表演射箭呢？

伯昏瞀人说：“精通道术的人，无论面前是怎样的处境，都不会让自己精神崩溃，气息混乱。现在你害怕得浑身发抖，身心完全失控了。这岂不是太糟糕了吗！所以我才说你修为不够。”

在安全的环境下，列御寇射箭时手臂能保持一动不动。但一遇到危险的环境，他就战战兢兢，慌乱得不像样子。那些有怯场心理的朋友，和列御寇是一样的。内心堆积了太多的恐惧感，不能保持情绪稳定，于是就只能屡屡发挥失常了。

也许有不少朋友认为恐惧是胆小鬼才有的情绪。其实，恐惧情绪每个人都有，只是怕的东西不一样。那些以勇敢著称的人，同样会有害怕的东西。

美国的血胆将军巴顿是第二次世界大战中举世闻名的勇将，敢打其他盟军将领不敢打的逆风仗。但他在自己的回忆录中写下了某次战斗中的心情：“但是我只能自勉，不要担惊受怕。”看到这句话时，你很难想象血胆将军居然也曾经被担惊受怕折磨过。

除此之外，回忆录中写道：“风闻德军几个装甲师将从莫尔坦—巴朗坦一线向西对阿弗朗什发起进攻。我个人认为这是德国人搞的一个骗局，企图掩盖撤退。但是，我还是下令第八十和第三十五两个步兵师以及法国第二装甲师在圣希拉尔停止前进，以防不测。”尽管巴顿判断出敌军只是虚张声势，但他还是害怕“万一”出现危险会影响战局。他看似胆大包天，实际上又比人们以为的更加小心谨慎。

由此可见，具有大无畏精神的勇士并非什么都不怕。只不过，他们的恐惧与真正的胆小鬼不同。他们能控制好自己的恐惧情绪，只害怕该警惕的危机，但并没因此丧失战胜困难的斗志。一个人如果对什么东西都缺乏敬畏感，反而不是件好事。因为，这意味着他不知道做事的底线在哪里，也对足以致命的危机缺乏足够的警觉性。

正如老聃所说："勇于不敢则活，勇于敢则杀。"对任何事都缺乏敬畏心的人，容易干出一些蠢事来。敬畏该敬畏的东西，但不害怕不值得恐惧的东西。能做到这一点，才是真正的勇敢。

有的人生来胆大，有的人天生胆小。但通过后天努力，一个懦夫完全可以战胜让自己动不动就失态的恐惧心理，成长为临危不乱的勇士。

第43届奥斯卡最佳影片《巴顿将军》里有个经典片段。巴顿因战事不顺去野战医院给伤兵们颁发军功章，以鼓舞战士们的士气。但他发现有位士兵浑身没有任何伤口，却占了一个当时很紧张的床位。巴顿询问情况后发现他只是怯战，怒而给了他一耳光。这一幕被新闻记者们拍下来，各大媒体齐刷刷炮轰巴顿。巴顿后来被迫为此事公开道歉。但那位士兵因此事重新振作，成了一名勇敢的战士。在影片的结尾，第二次世界大战结束了，布莱德雷将军对老战友巴顿说，那位小伙子在接下来的战斗中立下的军功比谁都多。

激励年轻士兵的，不是巴顿扇的耳光，而是战士的责任感。巴顿将军说："责任感是不容易获得的，原因在于它由那么多小事构成。但是最基本的是做事成熟，无论多小的事，都能够比以往任何人做得都好。"恐惧不是没来由的，无不与具体的压力、威胁挂钩。勇气也不是没来由的，必须做好某些事情的责任感，就是勇气的源头。

恐惧是每个人都会有的情绪，就像汽车的制动器一样帮我们在需要的时候刹车。而责任感就像是发动机，让我们能振奋自己的志气，勇往直前。

往大了说，战士的勇气来源于保家卫国的责任感，他们投笔从戎、建功立业的雄心同样源于安定边疆的责任感。往小了说，每个人对自己的生命以及家庭的责任感，也会激发出无穷的勇气，驱使他们迎难而上。

从这个意义上讲，克服恐惧的一个重要思路，就是增强自己的责任感与使命感。当你心中充满责任感时，就不会被恐惧情绪压迫得慌乱失态。勇敢的人总是把恐惧情绪控制在一个合理的范围，化压力为动力，激励自己比平时更加奋力而战。而遇到一点风吹草动就大呼小叫的胆小鬼，则是完全被恐惧情绪塞满了头脑。

正如巴顿将军所说："懦夫只是那些让自己的恐惧战胜了责任感的人。"反过来说，勇士就是那些用责任感战胜了恐惧的人。

当汽车启动了发动机后，只要不去踩死制动器，就能向前行驶，去任何你想去的方向。那些被恐惧情绪吓得言行失控、举止失常的人，恰恰是自己把制动器一踩到底。如此一来，就算发动机马力再大，也只能原地不动。因此，松开你心灵上的制动器，逐渐克服你的恐惧，就能让你获得更强的情绪控制能力与精神动力。只要松开一点点制动器，车辆就会慢慢开始前进。克服恐惧也是一样，你不需要一鼓作气地变勇敢，循序渐进就好。

3分钟自我调节

1. 尝试着做一件让自己害怕的小事。
2. 想象着自己是在松开刹车，放松过于紧张的神经。
3. 当你害怕任务时，想一想不完成任务会带来哪些糟糕的结果。
4. 畅想自己未来变勇敢的样子，激励自己一定要突破心理障碍。
5. 当六神无主的时候，努力镇定下来，想想自己肩头上的职责。

自己吓唬自己是通向失败的捷径

30秒自我定位

在什么情况下，你做出错误判断的可能性更大？

A. 怒不可遏的时候

B. 惊慌失措的时候

C. 灰心丧气的时候

明朝抗倭名将戚继光曾经在兵书里写道："在两军对垒的情况下，士兵不必学到十分武艺，只要学得一二分就可以打胜仗……但是，无奈每见贼时，死生呼吸所系，面黄口干，手忙脚乱，平日所学射法、打法尽都忘了，只有互相乱打，已为好汉。如用得平时一分武艺出，无有不胜；用得二分，出一可敌五；用得五分，出则无敌矣！"

在戚帅看来，士兵们不需要个个练成武林高手，学了十之一二的武艺就能打胜仗。但士兵在战场上常因紧张过度而怯战，平时训练的武艺都忘光了，只是凭着一口气乱打一通。假如能稳定情绪，不被自己的胆怯吓蒙，只要能发挥出一二分的武艺，就可以战无不胜了。

失败永远比成功更容易。怎样最快地获得成功是全世界最复杂的难题之一，答案永远处于有待摸索阶段。但对于怎样迅速失败这个课题，每个人都有着丰富的经验，都是专家级水准。只要把自己曾经出现过的失败教训重复一遍，失败很快就会找上门来。相对于其他因素，由恐惧导致的精神崩溃最容易让人走向失败。

燕国有位将军攻下了齐国的聊城。有人向燕王诬告这位将军图谋不轨，燕将害怕被问死罪，就固守聊城不敢回燕国。齐军名将田单派兵包围聊城，攻打了一年之久，士兵伤亡很大，却硬是攻不下聊城。于是，谋士鲁仲连写了一封信劝燕将投降。

这封劝降信写得入情入理，让燕将意识到自己已经陷入了绝境。鲁仲连给了两条出路，让他二选一。一是带兵撤出聊城，回到燕国；二是投靠齐国，这样就能得到齐王的封赏。

其实，按照鲁仲连的两条计策，燕将怎么做都能保存自己。然而，燕将看完劝降信后，哭了好几天，思来想去，迟疑不决。回燕国吧，已经被燕王猜忌了，怕被处死；投降齐国吧，之前杀死的齐人太多，怕投降后齐国君臣找他算账。所以，燕将仰天长叹："与其等其他人来杀我，不如自己了断。"便在恐惧与犹疑中结束了自己的生命。聊城守军大乱，齐将田单顺势攻克了这座难啃的坚固城池。

这位燕国将军虽然处于劣势，却依然给赫赫有名的武将田单造成了很大的麻烦。假如不是因为他自己在绝望中放弃生命，说不定他可以坚持到田单放弃进攻。遗憾的是，他既害怕被燕王问罪，又害怕被齐国君臣羞辱，自己把自己吓成了神经质。

与之形成鲜明对比的是东汉名将耿恭。

公元74年，东汉王朝重新设置了西域都护府，耿恭被任命为戊己校尉。第二年，北匈奴单于率重兵攻克了车师国，又包围了汉军驻地。不巧的是，汉明帝驾崩，朝廷内部一片混乱，没有及时派出援兵，而车师国又举国背叛汉朝。尽管缺兵少粮，但耿恭与几千汉军士兵克服种种困难，死守到底，多次拒绝匈奴单于的诱降。当援军击退匈奴人时，城内仅剩下二十六名形容枯槁的将士，在回玉门关的途中，又有十三个人病死在路上。最终只有耿恭与十二位将士生还。这就是东汉时期“十三将士归玉门”的故事。

耿恭的处境比那位燕将要困难得多，但他坚持奋战到精疲力竭，打到最后，北匈奴单于也丧失了继续进攻的信心。而燕将在尚有余力战斗的情况下，自己吓破了自己的胆，主动断送了生路。

由此可见，恐惧不仅会剥夺一个人的斗志，也会让人丧失理智，不能正确地判断形势，无法做出合理的决定。

事实上，没有谁是天生的大无畏勇士。恐惧是人最基本的情绪之一。假如没有恐惧情绪，就像没有痛感神经一样，让人无法控制自己的行为以远离危险。所以，真正值得害怕的不是我们生来就有的恐惧心理，而是自己吓唬自己的消极心理暗示。这不但会让你进入情绪失控的状态，变得歇斯底里、六神无主，还会让你的智商下降到令人无语的水平。

有“钝刀”之称的中国围棋高手钱宇平，曾经与聂卫平、马晓春等国手齐名。他的棋力很强，却有个很致命的弱点——患有“青春期精神综合征”，容易情绪激动，心理素质较差。

1991年，年仅二十四岁的钱宇平战胜了众多日本超一流棋手，打进了富士通杯世界围棋锦标赛的决赛。遗憾的是，他在出征比赛的前夜以身体不好为由，向中国围棋队总教练聂卫平表示要放弃决赛。第二天，媒体宣布钱宇平因病弃权决赛，日本棋手赵治勋不战而胜得了冠军。

还有一次，他与某位日本高手对局，战得难解难分。由于开局失误，钱宇平一直处于被动状态。但对局室里的中国围棋棋手们发现，日方棋手犯了个严重的错误，可以说是败局已定。正当大家准备庆祝即将到手的胜利时，突然听到了钱宇平认输的消息……事后，钱宇平对自己与胜利失之交臂而懊悔不已。更令他痛苦的是，就在他推枰认负时，日方棋手正在考虑要不要主动认输，结果被钱宇平突然认输的举动吓了一跳。

最终，被时人寄予厚望的钱宇平早早退出了棋坛，给围棋界与广大棋迷留下了许多遗憾。

说起来，才华横溢的钱宇平当时在国家队以刻苦用功出名，经常奋寝忘食地研究棋谱，有“打谱机”的绰号。按理说，出色的天赋与超乎常人的努力结合在一起，怎么都应该能浇灌出一棵参天大树。奈何钱宇平的心理素质太差，在关键时刻常常情绪失控，被自己的恐惧给吓倒了。打个比方说，他的对手战斗力是一百，加上身心状态等因素可以发挥出七十的水平；钱宇平的战斗力是一百二十，但脆弱的心理素质导致他只能发挥出六十的水平。这样一来，双方交手的结果自然是钱宇平失败。

由此可见，恐惧心理最耗费我们的能量，会把本来离成功只有一步的你变成一个令人大跌眼镜的失魂落魄者。

所以说，凡事既怕毫无畏惧之心，也怕自己吓傻自己。惊弓之鸟不能高飞，惊恐之人不能决胜。想要把握好这个分寸，就要竭尽所能地养成镇定、冷静的行为作风。

3分钟自我调节

1. 写下让你最近感到恐惧的几件事。
2. 按照负面影响大小与是否急需解决来分类。
3. 想想自己对这些事情感到恐惧的直接原因是什么。
4. 向周围的人确认一下，自己是否真的没有能力摆平这些事。
5. 最后想一想，当具备哪些条件时，你就可以摆脱对这些事的恐惧。

过度恐惧可能只是因为你“脑补”太多

30秒自我定位

你对自己感到恐惧的人或事物的了解有多深？

A. 没怎么深入了解，但既然大家都害怕，肯定有值得恐惧的地方

B. 就是因为了解细节，才觉得恐惧

C. 正是未知才会导致恐惧，如果了解了就没必要恐惧了

以上三种情况在生活中都很常见。人人都会产生恐惧情绪，但对危机感知的着眼点不同。

第一类人对某些人或事物的恐惧，更多的是一种从众行为。老子说：“人之所畏，不可不畏。”这就是他们的逻辑。

比如，有些人害怕一辈子形单影只，就急匆匆地相亲结婚，也不考虑自己喜不喜欢，有没有条件结婚。另一些人则恰恰相反，看了太多离婚的案例，听了太多婚姻失败的“过来人”的“忠告”，对婚姻产生了深深的恐惧，明明也渴望爱情，却干脆宣布独身主义。这些不同的行为，往往是被周围人的恐惧情绪传染所致。也许他们本来不害怕某些东西，但被周围的人反复“洗脑”后，也不假思索地心存恐惧。

第二类人的恐惧则是有理有据的恐惧。他们对相关的人或事物有着充

分的认识，明白其危害性与威胁性，所以才会产生恐惧感。

比如，医生会叮嘱患者某些注意事项，强调其严重性。因为他们很清楚人体的结构与功能，知道什么事情不注意就可以致命。但有些患者总觉得医生是夸大其词，故意吓唬人。因为他们不懂医学知识，也不像医生见过那么多由于小疏忽而丧失生命的案例，所以缺乏足够的危机感。假如身边有血淋淋的教训，他们就会真正感到害怕。

第三类人的恐惧，也是一种人类的本能。尽管轻重程度不同，但所有的人都会对未知事物有一定的畏惧感。因为未知事物不在我们的控制范围之内，只有确认它们不足以造成威胁时，我们才会不害怕。

其实，我们对世界的了解非常有限，只熟悉身边与自己有关的人或事物。对于身边以外的东西，更多是靠社会舆论形成的某种“标签”来辨识。比如，古代中原人曾经认为南方是不适合人类居住的瘴疠之地，凭空想象出各种并不存在的害人之物。

这种以讹传讹导致的恐惧不难破解，只要亲自确认之后就可以恢复淡定。比如，北宋大文豪苏东坡被贬岭南时也曾担心自己会英年早逝，结果真到岭南之后，他的关注重点很快变成各种北方没有的新食材……

无论人们对某些人或事物是否真正了解，都可能产生恐惧情绪。通过对比不难发现，第二种恐惧才是符合客观实际的正常情绪。第一种恐惧与第三种恐惧都属于反应过度，夸大了客观上的危险性，自己给自己凭空制造了多余的心理压力。

严格说来，这三种恐惧在每个人身上都有。只不过，不同的人由于思维方式与经验的差异，某种类型的恐惧多一些，另两种恐惧的比重小一些。那些遇事沉着淡定的人，并非毫无畏惧。他们与别人的主要区别在于，基本上只有第二类恐惧，而不会轻易害怕尚未亲自验证过危险程度的事物。

梁朝的宁朔将军冯道根领南梁太守之职。他一到阜陵城上任，就下令全城军民赶紧加固城墙，在周围设置哨卡，如同大敌将至一般警惕。部下都笑他小题大做，冯道根却严肃地说："防守的时候必须小心翼翼，不给敌军留下可乘之机；进攻的时候必须勇往直前，打出气势来。"

就在城墙还没加固完毕时，北魏的猛将党法宗、傅竖眼等人就率领两万兵马突然来袭。大家这才明白冯道根的担忧并非毫无来由。

阜陵城防尚未巩固，守军数量又远少于敌军，形势十分不利。众人都大惊失色，非常恐惧。但冯道根却超常淡定，令人打开城门，自己穿着宽袖大袍登上城楼，毫无处于不利局面下的紧张感。与此同时，他派出两百精兵出城迎战敌军。党法宗、傅竖眼派出的先头部队交战失利，又见冯道根一副淡定自若、成竹在胸的样子，疑心有诈，于是主动撤兵。就这样，阜陵城的危机被冯道根轻松地化解了。

在这则案例中，冯道根的危机意识显然强于部众。他的部众在没有遭遇敌军之前觉得上司胆小多事，敌军突然来袭后则惊慌失态。这种情绪失控是普通人在危机突至时的正常反应。而心理素质过硬的人，虽然平时会对潜在的隐患深怀恐惧，保持高度警惕，但当危机真正出现时，反而会变得更加勇敢，不会陷入自我恐慌的泥沼，更不会因为束手无策而大发脾气。

冯道根之所以能在大难临头时保持平常心，就是因为对自己的能力有充分的自信。他只派两百精兵去迎战北魏军队，正是看准了党法宗、傅竖眼不会轻易让全军一股脑地杀出，只会以小股兵力做试探性进攻。只要能挫败北魏军的试探性进攻，敌将就会知趣地撤退。倘若把自己的恐惧情绪暴露给敌将，反而会引来对方的全面围攻。

作战经验丰富的冯道根清醒地分析了形势，没有被敌强我弱形势的恐惧吞没内心，所以能淡定如常，成功安抚军心。

有趣的是，人们常以"虎胆"来形容英雄的勇敢，但百兽之王其实很谨小慎微。在《黔之驴》的典故中，贵州的老虎对从未见过的驴子高度警惕，以为这种高大的外来生物很凶猛，经过反复试探对方的实力后，才消除恐惧，痛下杀手。没见过老虎的驴子则有些不知天高地厚，以为老虎真的好欺负。尽管双方对彼此来说都是未知生物，但谨慎的老虎吃不准对方的实力时更容易产生恐惧感，而大大咧咧的驴子则会高估自己的力量，从而对危险缺乏敏感度。

在阿音扎鲁特战役中，战无不胜的蒙古骑兵变得骄傲轻敌，蒙古悍将怯的不花被诈败的马木留克骑兵引入了联军的伏击圈。

蒙古骑兵发现自己中计后并未慌乱太久，而是很快调整部署组织突围。马木留克骑兵本来具有不输给蒙古骑兵的野战能力，但多年来蒙古军西征的辉煌战绩让他们缺乏信心。在蒙古骑兵的猛烈进攻下，马木留克骑兵的防线全面退却。统帅忽都思眼见全军即将溃败，干脆丢掉头盔，单枪匹马杀入蒙古骑兵的军阵。主将的勇敢让马木留克骑兵重振士气，与蒙古骑兵展开激战。

事实上，蒙古骑兵的作战能力远逊于马木留克骑兵，只是凭借灵活机动的骑射战术才长期压制着列国精锐。马木留克骑兵开始没意识到这点，只顾着害怕，所以差点全军崩溃。好在统帅忽都思的殊死奋战帮助马木留克骑兵克服了恐惧情绪，发挥了自己擅长的战法，成功打破了蒙古军不可战胜的神话。这一仗是蒙古军西征以来最大的败仗。

假如马木留克骑兵没有挺过自己的心理障碍，就会被蒙古军全盘击溃，从此以后就更加缺乏与之交锋的自信，后世西方也就不会传颂马木留克骑兵的威名了。有时候，胜负就在一念之间，谁的恐惧情绪更多，谁就会与胜利失之交臂。

由此可见，有很多恐惧并非来自于客观事实，而是消极的自我心理暗示施加过多的结果。换言之，就是情绪失控给人制造的幻觉。

对于那些危险性明确的事物，我们应该心存畏惧，保持警惕，但没必要过度恐惧，只要不疏忽大意即可。对于那些不熟悉的东西，我们应当持谨慎而开明的态度。在没有认真了解前，不要轻易听信他人的一面之词，从而盲目排斥、盲目恐慌。那样只会让你自乱阵脚，错过很多潜在的机遇。

3分钟自我调节

1. 想一想自己平时最恐惧的东西。
2. 列出对此恐惧的理由，越具体越好。
3. 认真思考这些恐惧的理由是出于真正的了解，还是出于无知。
4. 查阅那些实际上不了解却又恐惧的东西的信息。
5. 根据搜集到的信息，把从前不熟悉的恐惧对象区分为“必须小心”与“没必要恐惧”两类。

不动如山的意志，让你愈加游刃有余

30秒自我定位

你对压力的承受能力有多强？

A. 面对任何情况都能岿然不动

B. 在自己胸有成竹的前提下，可以保持轻松自如

C. 一遇到压力就害怕自己搞不定

日本电影大师黑泽明的《影子武士》讲了一个非常耐人寻味的故事。日本战国名将武田信玄在一次战斗中意外身亡。他的几位家臣为了避免武田家族遭到群雄围攻，就悄悄让一名面貌酷似信玄的盗贼做影子武士，让天下人以为信玄还活着。这个局面维持了整整三年，后来因为影子武士意外坠马而被识破。信玄的儿子武田胜赖趁机执掌了武田家族的大权，却因盲目出击而招致武田军的灭亡。已经被赶出武田家的盗贼，徒劳地冲向敌军阵地，为自己曾经效力的武田家殉葬……

这部经典之作有个关键词叫“不动如山”。

“不动如山”出自《孙子兵法·军争篇》中的“其疾如风，其徐如林，侵掠如火，不动如山”。武田信玄号称“日本战国第一名将”。他非常佩服中国的“兵圣”孙武，并根据这四句格言重新设计了自家的军旗。

孙武的“不动如山”指的是防守时要像山岳一样岿然不动，也可以引申为将帅无论遇到什么情况都要坚持以我为主，不为敌军的挑衅所动。

影子武士是盗贼出身，不懂什么兵法。他是被武田的家臣们训练成信玄的样子，“不动如山”的含义也是家臣告知他的。最初，他只是为了活命而被迫接受假扮信玄的任务。然而，时间长了，盗贼已经分不清自己是影子武士还是真正的武田信玄。

在一次战斗中，影子武士假扮主将信玄坐镇后方，武田的家臣们与敌军交战。这场战斗非常激烈，甚至有敌军小股部队杀到了影子武士所在的本阵。影子武士开始非常慌乱，尤其是看到身边的卫士被流弹打死时差点慌张地想跑路。但影子武士最终克服了恐惧，居然如同真正的信玄那样大喝一声“不动如山”，稳住了全军士气。武田的家臣们也顺利击败了敌军。

信玄在临终前留下遗训，不要贸然出击。但他的儿子武田胜赖不顾父训，结果吃了败仗，他希望在高层会议上说服众家臣支持自己主动进攻。众家臣反对，并授意影子武士不需要做决定，只需装装样子即可。但影子武士听到众人的争执后，居然忘记了自己的身份，再次说出了那句“不动如山”，结束了这次争论。此举让众家臣都恍然以为已故主公信玄复生。

最终，武田胜赖还是夺走了武田家的大权，赶走了言行举止越来越像信玄本人的影子武士。信玄的宿敌织田信长与德川家康联军闻讯后，认为击败武田家的时机已经来临，因为“山，已经动了”。

盗贼与武田信玄除了样貌相似外，完全是两个人。但他后来居然将自己并不熟悉的信玄模仿得惟妙惟肖，以至于忘记了自己最初的样子。让众人经常误以为他就是信玄本人的，就是那份“不动如山”的定力。

在现实生活中，我们总会遇到各种各样的压力与诱惑，让自己的情绪难以保持平静。尤其是面对危急形势之时，恐惧心理很容易让人变得惊慌失措，言行脱离常态。有些人由于过度忧惧而变得疑神疑鬼、歇斯底里，动不动就发脾气。其实，事后来看，情况未必真有那么糟糕，但他们当时已经情绪失控，除了发脾气与失魂落魄外，想不出办法来正面解决问题。

东汉名将马援曾经当过六年陇西太守。陇西是汉胡杂处的边郡，时不时发生战争，很难治理。马援用恩威并施的办法安抚了各个羌人部落，让陇西的战事越来越少，汉胡百姓的生活日益安定。尽管如此，人们心中还是难免受到长期以来的紧张气氛的影响。

有一回，狄道县的县城附近有乡民聚众械斗，相互仇杀。陇西的官吏与百姓因为多次经历羌乱，导致反应过度，误以为羌人又要造反。恐惧情绪迅速在人群中蔓延，大家争先恐后地涌入县城。狄道县的县长急匆匆地赶到马援的太守府，提议关闭城门，让军队马上进入警戒状态。

马援当时正在和宾客一起饮酒。他听到报告后大笑道："羌人怎么敢再来骚扰我大汉的边疆？告诉狄道长回去守舍，如果胆小怕死就滚去床底下躲着。"果然，没过多久，惊慌失措的民众发现只是虚惊一场，城内很快恢复了安定。经此一事，陇西吏民更加拜服镇定自若的太守马援。

东汉光武帝刘秀一生中遇到不少险情。很多人听说过，他在昆阳大捷时，以数千兵马面对几十万新朝大军都临危不惧、敢打敢拼的故事。但胆识过人的刘秀也并非没有惊慌失措的时候。

那时刘秀还没平定天下，他率军经过王郎势力控制的饶阳。将士们人困马乏，饥饿难耐，于是刘秀只好冒险让部队在饶阳休整。

刘秀对饶阳传舍的官吏诈称自己是邯郸来的使者。于是传舍的官吏赶紧准备饭菜，刘秀等人由于肚子太饿吃得狼吞虎咽，甚至有人互相抢食。这个举动让传舍官吏心生疑窦，于是想试探一下。他们突然敲鼓，骗刘秀等人说邯郸将军要来了，以观察对方的反应。

这一下把大家给吓得惊慌失措，就连刘秀都惊得跳上车准备开溜。但他不愧是性格深沉之人，很快就恢复了冷静，察觉到这只是传舍吏在耍诈。于是，刘秀下车回到席位上，大声吩咐官吏们邀请邯郸将军进屋。传舍的官吏见状，只能把自己的谎言支吾过去，不再怀疑刘秀等人的身份。刘秀和他的部下顺利逃过一劫。

再冷静的人，也难免有恐慌的时候。尤其是处于极为不利的形势下，恐惧情绪可以让人们提高警觉性，更容易察觉潜在的危机。但一般人很难把这种情绪控制在合理的范围之内。要么过于轻松，从而产生麻痹心态；要么就像刘秀的部下那样，慌作一团，不知所措。

在这个案例中，刘秀刚开始也失去了平时的冷静。因为在敌人的地盘上冒充敌方使者，无异于在虎口拔牙，随时可能露馅。所以，他会比平时更加警觉，也更加胆怯。刚被吓着的时候，下意识地跳上车准备逃跑。但刘秀到底是身经百战，能很快调整好情绪，不让自己恐慌过度而暴露。他很清楚：假如表现出一副六神无主的样子，就肯定会被传舍吏识破伪造的身份，敌众我寡，谁也逃不掉；假如表现出一副淡定自若的样子，对方就会相信自己的假身份，反而获得安全。于是，他回到席位上，像没事人一样请“邯郸将军”进来。这个举动倒是让要诈的传舍吏变得不知所措，不敢再怀疑刘秀。

强者凭借不动如山的信念，可以纵横四海。弱者同样可以凭借不动如山的意志，与强者进行较量。

诸葛亮第二次北伐曹魏时，正逢东吴都督陆逊在江淮大败魏军。魏军主力东调，关西边郡空虚。于是，诸葛亮领兵数万包围了通往关中的重镇陈仓。

陈仓守将是在河西负有盛名的郝昭。此人沉着勇敢，治军有方。诸葛亮不想硬碰硬，于是派郝昭的同乡去劝降，但遭到了断然拒绝。此时陈仓只有一千余守军，蜀军的数量多出几十倍。于是，诸葛亮督军强攻陈仓城。谁知郝昭面对蜀军的猛攻临危不乱，硬是与闻名天下的诸葛亮恶斗了二十多个昼夜。蜀军始终没能攻克小小的陈仓城，而魏军的援兵也正在赶来。诸葛亮考虑到蜀军粮草不多，于是只好撤退。第二次北伐就这样提前结束了。

论智慧，诸葛亮显然要比郝昭更有威名；论兵力，诸葛亮拥有绝对的优势。粮草不足是诸葛亮最大的短板，但其他优势也可以弥补这个缺陷。然而，不动如山的郝昭，硬是让智慧超卓的诸葛亮无功而返。由此可见，一个人如果能随时随地保持情绪镇定，就能爆发出比平时更多的力量，面对困难时也能更加游刃有余。

3分钟自我调节

1. 认清恐惧的原因，把你害怕的东西写下来，好好进行分析。
2. 尝试了解你所恐惧的事物，看看它们是否真的值得你恐惧。
3. 向勇敢的人请教该怎样消除恐惧心理。
4. 遇到麻烦时，反复告诫自己不要慌乱，用深呼吸来平静情绪。
5. 养成在任何情况下都不轻举妄动的习惯。

克服情绪幻觉，走出恐惧的牢笼

30秒自我定位

让你感到恐惧的是什么？

A. 已经迫在眉睫的实际存在的威胁

B. 自己想象出来的不确定的威胁

C. 迟早会来临的众所周知的威胁

美国二战名将巴顿将军曾经说过一句格言：“勇气是一种智慧，也是战争能够取胜的重要因素。”此外，他还说过另一句耐人寻味的话：“要记住，敌人也和你们一样害怕，可能比你们更害怕。”

人是脆弱的，很容易被困难与压力吓倒。人又是顽强的，可以克服内心的恐惧，排除万难，勇敢地创造幸福生活。

其中的关键就是要千方百计地别让自己陷入恐惧的牢笼，被失控的恐慌情绪闹得精神崩溃。这一关若是能突破，人的整个精神状态就可以一通百通，拥有更好的环境适应能力。但恰恰是这一关，让不少原本很有才华的人杰好汉常常摸不着头脑。

北宋初年，江南的徐铉以博学善辩闻名于天下。有一回，南唐王朝要向北宋王朝进贡，派徐铉为使者。谁知这个人事安排让北宋朝廷一度慌乱。

原来，按照外交惯例，北宋要派一名官员陪同南唐使者。但北宋群臣都觉得自己不像徐铉那么有才学，怕与之交谈时出糗，不想接这个任务。宰相也觉得满朝文武挑不出一个能与徐铉畅谈的人才，于是只好请宋太祖赵匡胤裁决。

赵匡胤听完后表示自己亲自来选人。他派人到殿前司里找了十个大字不识的殿前侍卫，然后随便指了一个人，南唐使者的陪行大臣就这么定了。群臣一看人选大惊失色，心想：这个文盲武夫真能胜任么？但中书省长官又不敢再行请示，就马上让那位殿前侍卫去接待南唐使者徐铉。

那位殿前侍卫对这道命令完全摸不着头脑，却又不敢推辞，只能南下迎接南唐使者。刚开始，徐铉果然高谈阔论，滔滔不绝，听得周围的人一愣一愣的。北宋的殿前侍卫完全没法应对，生怕讲错话，便闭口不言，只是时不时点头应付。谁知徐铉发现对方对自己的喋喋不休总是沉默不语，完全摸不清他的底细。几天下来，殿前侍卫沉默如故，不多做回应。健谈的徐铉揣摩不透北宋陪行人员的真实想法，觉得对方高深莫测，怕自己一不小心失言，于是也选择了闭嘴。就这样，俩人相安无事地到达了北宋首都。

北宋的殿前侍卫其实大字不识，根本不知道该和徐铉聊什么。徐铉则以为三缄其口的北宋陪行人员高深莫测，侃侃而谈几天后也不再多说。

宋太祖赵匡胤看似随意选人，其实是巧妙地运用了心理战，避免了南唐才子徐铉因察觉北宋群臣的底细而看轻北宋朝廷。

令人恐惧的不光是已经发生的危机，还包括没有发生的威胁。当一个人的警觉性越高时，也越容易控制不住恐慌情绪，变成惊弓之鸟。惊弓之鸟会被自己想象中的不确定的威胁吓破胆，稍微有点风吹草动就慌得不知所措。所以，当人们面对严峻的形势时，更要努力保持镇定，不要任由恐惧情绪淹没自己。这里面最关键的就是不要先入为主地放大危机感，自己把自己吓坏了。

北魏名臣司徒崔浩是个很有智慧的人，在朝野慌乱之时常能保持泰然，并且给出最佳对策。

某一年，北魏南部地区的边将上表说："南朝宋帝刘义隆正在整顿军队，有入侵我国黄河以南疆域的图谋。恳请朝廷发兵三万，先下手为强。还应该先清剿黄河以北的流民，以免他们为宋军带路，防患于未然。这样敌军就不敢深入我国境内了。"

北魏太武帝拓跋焘召开朝会讨论，大多数人都赞同这个策略，唯独司徒崔浩认为这个办法不可行。

司徒崔浩分析道："不可以这样做。我们去年攻打柔然人的时候，还没出动所有的兵马。南方的刘宋是因为害怕我军骑兵突然南下，才在边境集结兵马虚张声势的。刘义隆实际上是想防备我们南征，断然不敢先来攻打我们的边境。而且现在正值盛夏，并不是南征的最佳季节。率先进攻宋军没什么胜算。假如他们真敢来攻，我军可以逸待劳，等到秋高马肥又有新收之粮时再进攻。这样可以确保胜利。"

太武帝认可司徒崔浩的意见。但没多久，北魏南部的边将们又上书说刘宋的军队已经打过来了，自己兵少难以抵挡，希望朝廷征调北方幽州以南的军队来协防南部边境。这个意见又被群臣赞同，连太武帝都打算调遣五千骑兵增援边境。

司徒崔浩再度劝阻道："这不是上策。如果刘义隆得知我们调动幽州以南的主力军南下，又修建大船，肯定会举国震惊，集结全部兵力在北部边境以提防我军。假如他们发现我军只是雷声大雨点小，就会改变主意将计就计，真的以重兵进犯我南部地区。到时候，众位边将根本不能抵挡。因此，用武力威慑刘宋军队的办法并不妥当。这样做只会致使双方在边境不断增兵，加重国家的负担。"

可惜太武帝没有听从这个建议，而是遵从大多数人的观点，调重兵驻扎边镇。正如司徒崔浩预言的那样，刘宋也派出重兵与北魏对峙，对北魏南部地区的侵扰比过去更加严重了。

归根结底，太武帝拓跋焘和边将、朝臣们还是过于害怕刘义隆突然北伐。殊不知，刘义隆恰恰是因为太害怕北魏南征，才在边境虚张声势。假如北魏不刺激他，他可能在发现对方没有南下的想法时就会撤兵。可现在北魏严阵以待，逼得刘义隆也不得不严阵以待。双方互相害怕，并不断叠加恐惧情绪，沉浸在情绪的幻觉中不可自拔。到头来，双双做出了失策的反应。

司徒崔浩的过人之处在于，没有被表面现象所迷惑，窥透了刘义隆忧惧过度的心思，所以不像那些边将那么大惊小怪、小题大做。遗憾的是，他一个人再清醒、再淡定，也克服不了弥漫在整个朝野的恐慌与惊惧。

从某种意义上讲，人的一生就是一个不断冲出恐惧牢笼的过程。每个人都有恐惧的时候。纵然是天生奇胆的人，也不得不畏惧某些重大威胁。但勇敢镇定的人能够克服情绪幻觉，不扩大现实存在的威胁，以免让自己紧张过度、发挥失常。懦夫会被恐惧搞得情绪失控，对世界总是怀有怨气。而勇敢者则有克服困难与恐惧的信心，从而对世界多一分宽容。

3分钟自我调节

1. 把自己恐惧的对象按照威胁大小进行分类。
2. 分析哪些是急需解决的问题，哪些是还没真正出现的问题。
3. 好好想一想那些急需解决的问题是否真有不可逾越的鸿沟。
4. 看看那些尚未出现的问题是否是你凭空虚构的情绪幻觉。
5. 迈出勇敢挑战的第一步，逐个克服令自己害怕的小事。

平常心是避免情绪失控的不二法门

30秒自我定位

在以下情况中，让你最不淡定的是什么？

A. 举步维艰的困境

B. 强大的竞争对手

C. 突发事件

压力是导致人们情绪失控的主要原因。这种压力有来自于外界的，也有来自于内心的。当一个人面临较大的压力，很容易变得焦躁不安、惊慌失措，甚至动不动发脾气。从根本上说，这是因为他从内心深处对自己无法克服压力感到失望，情绪到了崩溃的边缘。

不妨回想一下，我们周围那些一触就跳的坏脾气者，几乎个个都缺乏一颗淡定的平常心。他们常常为某些微不足道的事生气、抱怨。反过来说，只要有那么一丁点儿干扰，就能让他们失去应有的冷静。这样的人，就算很有本事，也很难保证临场发挥。

那些情绪总是很淡定的人，往往都善于保持平常心。有了平常心，就能宠辱不惊，不轻易被情绪压垮，从而冷静地发挥出自己的水平，甚至激发更多的潜力。

当昭和“棋圣”吴清源称王棋坛的时代结束后，坂田荣男九段开创了日本围棋界的“坂田时代”。坂田荣男也是一位刻苦的天才型棋手，他的性格比较火爆，棋风也非常犀利，人送绰号“剃刀”。他一生获得了六十四个冠军，直到很久以后才被新生代的超一流棋手赵治勋超过。坂田荣男做梦都没想到，终结自己霸业的人是自己开始没放在眼里的新生代棋手林海峰。

林海峰是吴清源的弟子，与老师一样脾气温和、稳健、谦虚。他不算才华横溢的天才型棋手，而是扎实勤奋的努力派。他的棋风厚实均衡，最大的特点是有坚韧不拔的意志力。于是棋界称他为“二枚腰”。在一次比赛中，对手连赢三盘，只要再赢一盘就能夺冠。不料，林海峰愣是以4∶3反败为胜。当时的棋评家戏称：林海峰本来已经被对手“腰斩”了，结果他有第二个“腰”，所以能反败为胜。这便是“二枚腰”的由来。林海峰的顽强精神由此可见一斑。

在坂田荣男如日中天的时候，谁也没想到年轻的林海峰会成为这位暴脾气天才的命中克星。

1965年的日本第四届旧名人战决赛，在霸主坂田荣男九段与刚升为八段没多久的青年棋手林海峰之间展开。“名人”是当时围棋界最高头衔，是各路高手毕生追求的目标。在第一局对决中，坂田荣男毫无悬念地把林海峰杀得大败。林海峰心情十分低落，对比赛完全失去了信心，于是便向师父吴清源求教。

吴清源安慰弟子说：“你现在最需要保持一颗平常心。老天已经厚待你了。你年仅二十三岁就获得了挑战名人的资格。要知道，这是多少人一辈子都欲求不得的成就了。所以，你还有什么放不开的呢？”说完这话，吴清源还赠予弟子一幅自己亲手写下的“平常心”书法。林海峰在师父的点拨下大彻大悟，不再为比赛患得患失，也不再害怕与坂田荣男对局。

坂田荣男万万没想到，自己在轻松赢下首局之后会连败三局。他使尽浑身解数扳回一局，但最终被以“平常心”镇定作战的林海峰打成了4∶2。林海峰以二十三岁的年龄成为日本围棋史上最年轻的“名人”（这个纪录直到多年后才被新锐打破）。

有趣的是，坂田荣男在此之前认为不可能出现二十几岁的名人。因为他自己是四十一岁才获得本因坊名人头衔的。这次失败后，坂田荣男很不服气，总想着找机会赢回来。然而，他与林海峰一生的对决总成绩是35胜54负。其中有11次是在冠军争夺战中相遇，林海峰赢了8次。

更有趣的是，其他棋手分析俩人的棋谱时发现，坂田荣男棋手在计算棋路与局部攻防等方面明显强于林海峰，差不多经常能占便宜。但是，坂田荣男总是没法把前半盘的优势转化为胜势。而林海峰在顽强地顶住了坂田荣男的猛烈攻势之后，会从后半盘逐渐开始反攻，一点一点地击破坂田荣男。于是，大家觉得坂田荣男痛失好局几乎成了一个套路。

职业围棋的竞争非常残酷。林海峰却表示，自从师父吴清源点拨自己保持“平常心”之后，他再也不为输棋而感到难过了。也许正是这种淡定自若的平常心，让林海峰从“二枚腰”变成了棋坛的“常青树”。

坂田荣男有句名言：“只要下棋就想全部获胜。”这种人生哲学，一方面让他的棋像剃刀一样锋利无比，另一方面也让他不那么容易保持平常心。与林海峰相比，“剃刀”坂田勇猛有余，而韧劲稍弱，做人不太淡定，容易情绪化。棋下得顺利时，坂田荣男强大得像尊神，可一旦下得不顺，就又很容易被折断。比如，他在退隐赛场的最后一盘棋中，只下了53手就投子认输，理由是下得太难看了，不想再继续。这种大起大落的情绪化作风，碰上林海峰这种心理素质超常淡定的类型，自然是很难摆脱被克制的命运。

人在放松的状态下，很容易做到心态平和淡定。但无论是顺境还是逆境，都可以动摇我们的平常心。

当我们处于逆境时，往往对失败充满了恐惧，对前景感到悲观迷茫，从而丧失了斗志，变得歇斯底里、六神无主。当我们处于顺境时，恐惧虽然没了，但取而代之的是骄傲和怠慢。自信心膨胀过度，过于轻视困难与隐患，这种盲目乐观的情绪和悲观情绪一样，都是一种失控的表现。平常心就是胜不骄，败不馁，就是泰山崩于前而色不变，就是宠辱不惊。无论是处于逆境还是顺境，都不会因为外来压力的变化而丧失平和冷静的心态，能做到这点才称得上是有平常心。

东汉开国名将王霸就是一个善于在战斗中保持平常心的人。

有一年，他与马武奉光武帝刘秀之命讨伐割据军阀周建和苏茂。由于敌军众多，作战不积极的马武被打得大败。王霸假装拒绝马武的求援，激励他拼死抵抗，又抓住机会突然出击，把敌军一举击溃，救出了马武。

第二天，苏茂与周建又集结大军来挑战。尽管汉军在昨日大败敌军，但还是没有完全改变敌众我寡的态势。所以，王霸决定避其锋芒，坚守不出，反而让士兵们饮酒作乐。敌军放箭攻击，甚至有一支箭射中了王霸的酒杯。但王霸面无惧色，仿佛不在战场一样。

有些部将急于求胜，请求出战。他们觉得苏茂昨天刚吃败仗，手下士气低落，可以轻松击破。王霸却摇摇头说："不是这样的。苏茂劳师远袭，粮草不能支持很久。他急于速战速决才百般挑战，以图侥幸获胜。如果我们坚守不出，就断送了他最后一丝希望。用不战而屈人之兵的办法取胜，才是用兵的高明谋略。"于是，众将不再请战。

果然，苏茂与周建反复挑战，就是没法把王霸引出来，只好先退回营寨。他们完全没有料到，周建的侄子周诵在当天晚上就发动了兵变，紧闭城门，不让周建和苏茂进来。俩人惊慌失措，只得逃亡他处。周诵主动归降了汉军。就这样，王霸没费多少力气就平定了淮河一带的割据势力。

王霸的成功在于冷静淡定，最重要的是始终杜绝任何侥幸心理。

在这次战役中，马武怀着“王霸一定会来救我”的侥幸心理上前线，结果被苏茂打得大败；王霸的部下开始见敌军数量众多，感觉很恐惧，后来王霸用计击败敌军后又变得很轻敌，出现了敢打无把握之仗的侥幸心理；苏茂与周建打赢马武后，也产生了迅速解决汉军的侥幸心理，被王霸打败之后，也依然没有摆脱追求速胜的侥幸心理。

拥有平常心的人，总是沉着冷静，先让自己不犯错误，再去抓住对手的错误。他们的成功都不是靠侥幸获得的，而是根据实际情况妥善运筹的结果。

人一旦有侥幸心理，就会变得很脆弱。在顺境中忘乎所以，在逆境中弯腰不起，始终两头摇摆，偏离中正之道。如此一来，心理压力难以正确疏导，情绪也变得很不稳定，自然也就没法保持淡定的平常心，无从控制好自己的脾气了。

所以，想要避免情绪失控，最根本的办法就是修炼出一颗随时随地都能坦然处之的平常心。当你养成平常心的时候，就可以轻松自如地调节好情绪，让自己活得更轻松舒畅了。

3分钟自我调节

1. 惊喜之时不要高兴过头。
2. 顺利之时不要麻痹大意。
3. 受挫之时不要悲观气馁。
4. 困难之时不要望而生畏。
5. 无论哪种极端情绪出现，都要设法让自己的心态回到最平常的中轴线上。

第8章

EIGHT

释怀与乐观能成就更优秀的自己

管理情绪的最高境界，不是拼命咬紧牙关，克制住几乎要爆发的坏情绪，而是让坏情绪在萌芽状态时就烟消云散。大度能容天下事，脾气自然无处使。不把那些令人不快且确实无关紧要的事放在心上，用豁达乐观的态度为人处事。这样不仅让自己轻松自在，也能让身边的人感到舒服愉快。

坏脾气常由冲突产生，但并不是每一个冲突，都值得我们生气。坏脾气者太在乎自己的利益得失，稍有摩擦就暴跳如雷，把局面搞得更僵。如果我们气量够大的话，就可以减少不必要的纠纷。坏脾气和好脾气都是相互影响的。咄咄逼人的态度，只会激发对方的火气。当你生气时，应该忍住冲动的言行。因为情绪的闸门只要松开了，就会一发不可收拾。倘若选择释怀，不为逞一时之快而争辩，就能避免火上浇油。化干戈为玉帛，就不再有让你生气的刺激源了。

善于管理情绪的人，往往有更大的做人格局。不对一时得失斤斤计较，把目光放得更宽、更远。未来如此广阔，怎能为眼前的鸡毛蒜皮纠缠不清？除了释怀之外，乐观的人生态度也是必不可少的情绪稳定器。具有乐观精神的人对未来永远都充满希望，所以心里总是充满了正能量。他们宽容着世界的不完美，又积极追寻着世界的美好。当其他人在逆境中气急败坏时，他们却能以令人敬佩的好修养与好脾气，坚持到拨云见日的那一天。

气量够大，脾气才会变好

30秒自我定位

当别人无意中在某件小事上冒犯你时，你会怎样做？

A. 当场发火，给对方一点颜色瞧瞧

B. 当时忍着不发，以后找机会报复对方

C. 不放在心上，很快忘掉此事

我们在生活中难免会与他人磕磕碰碰，无论是正常的竞争，还是不小心造成的摩擦，都屡见不鲜。怎样处理这些冲突，将充分体现出一个人的智商、情商和修养如何。

相对而言，宽宏大量的人总是更受大家欢迎，睚眦必报的人纵然占理也不会给大家留下好印象。理由很简单，睚眦必报者心胸狭隘，很容易情绪失控。你与之相处时，不得不小心翼翼地避免得罪他们。稍有不慎，他们的坏脾气不是如同疾风骤雨般扑面而来，就是转变为长久的怨恨。与宽宏大量的人相处则不需那么费心提防，安全感要高出很多，自然让人感觉很舒服。

说起气量小的人，很多朋友第一时间会想起《三国演义》里的周瑜。罗贯中为了给诸葛亮制造一个对手，把周瑜塑造成了一个小心眼。诸葛亮三气周瑜，周瑜最终气得吐血而死——这个老百姓津津乐道的段子只是虚构的。历史上的周瑜不但不是脾气很坏的小心眼，反而以气量大度闻名于《三国志》。

程普是东吴军中最为年长的将军，所以众人尊称他为“程公”。程普性格豪迈，乐于施予，平素喜好与贤人名士结交，唯独与周瑜关系不和。

我们很难获知这两位名将曾经有过怎样的摩擦。据史书记载，程普一度很看不起周瑜，仗着自己年长多次当众羞辱周瑜。然而，周瑜每次都表现得谦虚大度有雅量，丝毫不计较对方的无礼。久而久之，程普转而对周瑜佩服得五体投地。他后来常对人说，与周公瑾交往，就像喝醇厚的甘醪一样，让人不知不觉就沉醉了。

一般来说，好脾气的人通常都有较大的气量。他们不太喜欢计较鸡毛蒜皮的事，而是倾向于用包容与谦让来化解不必要的冲突。

唐朝有位叫娄师德的大臣，常年出将入相，功勋卓著。不过，令朝野更佩服的是他那超级好的脾气与修养。

有一回，他弟弟做了代州刺史。娄师德告诫弟弟做人要谦和低调，以免招人嫉恨。弟弟表示：“今后就算有人朝我脸上吐唾沫，我也只是默默擦去，绝不还击。”在常人看来，这已经是难得的好脾气了。但娄师德却说：“这正是我所担忧的。别人朝你吐唾沫是因为生你的气，你擦干唾沫等于是在表示自己的不满，会让对方更加恼火。你应该保持微笑，让唾沫自己风干。”

这便是成语“唾面自干”的由来。无论是古人还是今人，都觉得这个做法太过分，但也不能不承认娄师德的脾气好得超乎常人。

有一次，娄师德与他的同僚李昭德一起上朝。娄师德体形较胖，而且有足疾，所以走得很慢。李昭德好几次停步等他，终于不耐烦地骂他是个乡巴佬。谁知娄师德却笑嘻嘻地说：“我不是乡巴佬，谁是乡巴佬？”

唐朝名相狄仁杰曾经与娄师德同为宰相。不知为何，他在很长一段时间里都很排斥娄师德，但娄师德从来不以为忤。

终于，女皇武则天看不下去了，问狄仁杰："知道我为什么重用你吗？"狄仁杰自信地说："我之所以得到您的重用，是因为文采出色与品行方正，而不是因为依靠了什么人。"武则天沉默了半晌，说："以前我还不了解你，提拔你其实是因为有娄师德举荐啊！"

武则天令人把当年娄师德举荐狄仁杰的十几篇奏章抬来。狄仁杰读罢之后，羞愧得无以复加，自责不已。武则天没有批评他。狄仁杰退朝后感叹道："没想到我一直被娄公宽容着，他却从未有过自夸的脸色。"

有些人在与上级或平级的人相处时态度和善，对待下级时则动辄斥骂。他们骨子里没有好脾气，只是善于在前两者面前掩饰自己的真实想法罢了。娄师德则不同，对上、对下都很随和，很会照顾别人的情绪。

一天，娄师德去灵州办事，在驿馆用完餐准备离开。驿长对他的手下判官不够尊敬，所以，判官生气地嚷道："这驿馆根本不搭理我们，连一口水都没给喝。"娄师德便把驿长叫来训话，假装生气道："判官与我有什么区别，你怎敢不搭理他？拿板子来。"

驿长急忙磕头谢罪。娄师德又说："我本想打你一顿板子，可是我这钦差大臣欺负你一个小小的驿长，传出去名声不好听。如果向你的上司投诉，恐怕你小命难保了。算啦，这一次我就饶了你。"驿长连连道谢，狼狈地离开了。娄师德对判官说："我已经替你出气了，你就别再恼火了。"

当然，娄师德脾气再好也不是不会生气。

有一回，他奉命巡视并州，和部下一起在驿馆吃饭。娄师德发现部下吃的是粗粝的黑米，自己碗中的是精细的白米。他以为驿长是个势利眼，于是心生不快。他责备驿长居然用两种质量差很多的米来招待客人。驿长诚惶诚恐，连忙解释说一时间没有足够多的白米，所以只好让娄师德的部下吃粗粝的黑米。娄师德没有继续发火，马上收住了脾气。他说："是我们来得太快，让你仓促之间来不及准备。"说完，娄师德就让驿长把自己的伙食也换成粗粝的黑米饭。

娄师德能养成"唾面自干"的超常好脾气，说到底还是因为不屑于计较个人的一时得失，凡事看得长远。如果一个人有大格局的话，就能拥有海纳百川的大气量。这样一来，天底下真正值得他们生气的事情就少之又少，他们又怎么会因为情绪失控而乱发脾气呢？

初唐诗人王勃在《滕王阁序》里写道"慕宗悫之长风"。这个宗悫是南朝宋时的一位将军，他最令人称道的不是武艺，而是大格局与大气量。

宗悫的叔父宗炳曾经问侄子有什么志向。宗悫说："愿乘长风破万里浪。"在这个远大志向的激励下，宗悫刻苦习武，勇敢作战，成了刘宋王朝的一代名将。由于心中有大格局，他待人十分宽厚，哪怕是让自己当众出丑的人，也能不计前嫌。

当年，宗悫的同乡庾业设宴招待宾客。庾业是乡里的大富豪，给宾客们的饭菜非常丰盛。然而，当时还没做将军的宗悫赴宴时，庾业却只给他很粗简的食物。众人不解，庾业说："宗悫是军人，吃粗食已经习惯了。"面对这种不公平待遇，一般人要么破口大骂，要么拂袖而去。但宗悫竟然不以为意，吃得饱饱的才离席。

多年后，宗悫做了将军。他认为庾业有才华，就征辟他做了自己的长史，对他非常厚待，仿佛不记得当年的事。时人因此称赞宗悫的高风亮节。唐人王勃有感于此，才写下了"慕宗悫之长风"的千古名句。

毫不夸张地说，拥有大格局的人，往往也有大气量，从而能练成令人感到轻松的好脾气。他们和我们一样，在生活中少不了与他人磕碰摩擦，甚至尖锐冲突。但他们不会放任情绪随便失控，而是会站在更高的角度去看问题，很快调整自己的情绪，不为不值得生气的事情发火。

井底之蛙斤斤计较是因为它眼中的天地不过井口那么宽，以为自己不争不闹的话，就会连这些蝇头小利都损失掉。争执越激烈，负面情绪就越多。长期与他人处于针锋相对的状态，脾气自然也就越来越差。

在拥有大格局和大气量的人的眼中，世界是广阔的，天地之间充满了回旋的余地。所以，他们不会把注意力浪费在计较蝇头小利上，也不会对他人的无心之过耿耿于怀。没有斤斤计较的习惯，无谓的利益冲突就会减少很多。既然不主动招惹烦心事，又怎么会使情绪变坏，从而走向失控的边缘呢？

所以说，常做“扩胸运动”，做一个有气量的人，才能从根本上获得更好的情绪控制力，修成人人喜欢的好脾气。

3分钟自我调节

1. 回忆一下自己最近几次失态的情景。
2. 把失态的经过与原因写下来，回忆越细，越有利于总结。
3. 看看这些失态的举动，是否有助于解决相关问题。
4. 搜集一些关于包容宽恕的故事，看看在类似的情景下，好脾气的人是怎样做的。
5. 下次发脾气之前，在心里默念“我有更高的追求，无须计较眼前的小事”。

释怀，从忍下第一句争辩开始

30秒自我定位

你在哪种情况下能放弃没什么实际意义的争辩？

A. 心情很好不想计较的时候

B. 觉得对手不值一驳的时候

C. 任何时候

想知道一个人的脾气是好是坏，可以从他对争辩的态度看出来。坏脾气的人经常带着情绪与他人争辩，有理没理都不让人。好脾气的人则不然，除了必须坚持己见的重要问题之外，通常不与他人争长论短，甚至自己有理时，也谦让对方三分，以化解无谓的争执。

汉武帝时期的大臣公孙弘品行敦厚，口才颇佳，熟悉文法与儒经。每次朝会时，公孙弘从不与汉武帝及其他大臣辩驳争论。汉武帝提拔他做了左内史。

名将卫青北伐匈奴，收复了沦陷多年的河南地。主父偃提议在河南地设置朔方郡和五原郡，汉武帝下令朝会讨论是否采纳。公孙弘一反过往作风，极力反对此事，但意见没被采纳。升任御史大夫后，公孙弘依然多次上书请求停止这项劳民伤财的工程。汉武帝让朱买臣等人与之辩论设置朔方郡的利害，公孙弘被问得瞠目结舌，于是道歉说："我是关东偏远地方的浅薄之人，不知设立朔方郡居然有这么多好处。但我恳请陛下暂停修建西南夷通道和苍海郡，集中力量来建设朔方郡，以减轻百姓的负担。"这一次，汉武帝同意了。

公孙弘一反常态坚持反对设置朔方郡，是因为看到了燕齐之民与巴蜀之民分别因为苍海郡和西南夷通道两大工程而疲惫不堪。如果再增加修建朔方郡的任务，民众会更加不堪重负。

但就实而论，设置朔方郡对汉朝巩固边防、抗击匈奴有着十分重要的战略意义，是一件必做的事情。在这个问题上，公孙弘只见其一而未见其二。他被反驳之后，虚心地接受了对方的意见，但也给出了自己的新建议。这个分寸拿捏得很好。

公孙弘平时过得很简朴。大臣汲黯与他不合，便对汉武帝说道："公孙弘贵为三公，明明有很多俸禄，却只盖粗麻布做的被子。这分明是沽名钓誉，在世人面前伪装成贤人。"

这个指控无疑是捕风捉影。汉武帝问公孙弘怎样看待汲黯的指控。公孙弘没有愤而争辩，而是主动向汉武帝谢罪。他说："在当朝九卿之中，汲黯与我的关系最好，最了解我的情况。所以他今天当庭批评我的话，的确指出了我的毛病。我高居三公的显赫地位却只盖粗麻布做的被子，确实有借此博取清廉美名的念头。我听说，当年管夷吾辅佐齐桓公的时候，有三所宅院，生活和齐桓公一样奢华，他最终辅佐齐桓公称霸列国，这就是僭越人主。晏平仲在辅佐齐景公的时候，一餐饭里的肉菜不超过两样，他的侍妾从来不穿丝绸做的华丽衣服，齐国同样也被治理得很好，这是向下比照平民的标准来过日子。我现在身为御史大夫却盖着粗麻布做的被子，这样从九卿以下到斗食小吏都没什么两样了。所以，我也不算有错。情况确如汲黯说的那样。假如没有汲黯这样敢于直言的忠臣，陛下又怎能听到这样的忠言呢？”

面对汲黯的无理指责，公孙弘没有正面反驳或嗤之以鼻，反而以更谦和的说辞来化解这场口舌之争。他坦然承认了汲黯提到的事实，巧妙地以管夷吾与晏平仲两位齐国先贤间接地为自己辩护（公孙弘恰好也是齐人），最后又夸奖了汲黯敢说真实想法的品格。其措辞之巧，情商之高，让汉武帝更觉得公孙弘为人谦让有礼，对他越来越器重了。

后来，汉武帝想提拔公孙弘为丞相。按照汉朝此前的传统，丞相通常是从具有列侯爵位的大臣中选任的。公孙弘还没有封侯，所以，汉武帝特别破例，下诏封他为平津侯。此举开了汉朝以丞相封侯的先例。汉武帝对公孙弘的器重由此可见一斑。

人生在世，总有与人斗气的时候。本来就存在利益冲突的情况自不消说。就算是不涉及利害问题，对方的不友好态度也会让我们忍不住发脾气。有底线的人只是动嘴对骂，没下数的人可能脑袋一热就抄家伙动手了。

孔子主张以直报怨，不赞同以德报怨。但他在教育学生的时候，也认为不宜跟对方发生争辩。

有一次，颜回打算去游说卫国国君，但孔子不同意。

由于卫君年少，性格专断，刚愎自用，已经出现好几次决策失误，让成千上万的卫国百姓流离失所。所以，孔子认为颜回此去肯定有风险。他当场对颜回表示："古代德行深厚的人，总是让自己修为成熟后才帮助他人，如今我们自己的德行还缺乏建树，哪有工夫去说服暴君推行大道呢？"

"道德会因为追求名声而毁坏，博取名声是人们互相倾轧的原因；智慧往往是通过争辩是非来表现的，所以它很容易沦为相互攻讦的工具。"

"如果勉强用道理去游说那些刚愎自用的人，好比是用对方的丑行来反衬自己的美德。假如你非要去卫国的话，也只能做到沉默不言。倘若向卫君进言，争辩是非，那么对方一定会挑你偶然出现的口误来争辩。到那时，你就会被弄得头昏眼花，就算面部表情还装作淡定平和，但说话时已经自顾不暇了，所以很容易被对方的歪理邪说给侃晕。”

颜回问：“如果我外表庄重，保持虚心，从始至终保持勤奋，是否可以说动对方呢？”

孔子说：“此法行不通。因为刚愎自用的人总是喜欢压制他人的真实想法，不许别人有丝毫忤逆。就算他们理屈词穷，也只是表面赞同你的诘难，内心照样固执己见，不会反省自己的所作所为。”

颜回又想了个办法，即内心保持正直，但外在行为能俯首曲就，这样就能正直不阿且不与他人发生冲突了。换句话说，就是心中坚持自己的原则，但可以委曲求全，附和大众。

孔子认为此举也不妥，这等于还是执着于内心的成见。他提出了一个颇为有趣的“心斋”理论。

所谓“心斋”就是摈弃心中的杂念，让精神变得专一，用心去感受世界上的事。也就是说，练就一颗空明而坚定的心。当一个人达到这种修养境界的时候，就算身处争名逐利的环境中也不会被外物动摇内心。孔子不提倡强行与人争辩，也不主张曲意逢迎他人。如果判断对方能够听得进去，你就清楚地阐明自己的观点。假如对方不能采纳你的意见，你就停下来不再与之争论。无论怎样做，都顺其自然，不要带有激烈的情绪，更不要因为无法说服对方而心急火燎、态度强硬，那样只会适得其反。

这个世界上有很多事情让我们难以释怀，尤其是与他人发生争辩的时候。虽然“真理越辩越明”是前人留下的名言警句，但事实上，能够真正以求知心态认真讨论问题的人少之又少。大部分人的争辩，不是出于实际工作的必要，也不是对真理的追求，仅仅是在发泄自己的不良情绪，展示自己的坏脾气罢了。

美国前总统林肯曾经是个尖酸刻薄的人，后来因为某次遭遇痛改前非，练就了令世人称赞的好修养。大家最为感慨的是，他明明有巧舌如簧的辩论口才，但并不用来与挑衅者斗气。

当林肯只是伊利诺伊州国会议员的共和党候选人时，就具备了这种包容的品质。他的竞选对手卡特赖特是当地有名的牧师，常常向林肯泼脏水以降低其民意支持率。

一天，卡特赖特牧师在一个教堂里布道。林肯也走进教堂，坐在了一个显眼的位置上。卡特赖特想让他出丑，便在演讲达到高潮时突然说："希望能得到上帝保佑而进天堂的人都请站起来。"于是信徒们纷纷站起来。卡特赖特又说："不想死后下地狱的人也请站起来。"于是大家又呼地一下站了起来。这时，卡特赖特质问道："大家都希望能得到上帝的保佑进天堂，不希望下地狱，但有一个在场的人例外。请问林肯先生，您打算去哪里呢？"

假如林肯答不上来，坐在教堂里的信众（也就是一批选民）就会对他的印象大打折扣。

林肯不慌不忙地站起来说："我是以听众的身份来这儿听卡特赖特教友布道的。没想到他单独点了我的名，真是不胜荣幸。我认为他提出的问题很重要，但我没法像大家那样回答他。既然他问到这点了，我只能诚实地回答，我打算去国会。"

在场的人都为林肯的风趣机智而大声鼓掌，只留下卡特赖特牧师一个人目瞪口呆。林肯没有针锋相对地反驳，而是用一语双关的办法，既表明了自己对竞选的重视，也回避了对手的诘问，还避免了对方抓住这个话题不放。于是，卡特赖特只好眼睁睁看着林肯用宽厚得体的表现赢得更多人心。

因此，要想提高情绪控制力，养成好脾气，就必须练就开阔的胸襟。不妨从忍下第一句争辩开始，逐步从无谓的争执中抽身。当你学会对各种冲突和矛盾释怀时，就能用更加让人舒服的方式来处理问题，从而让世界少一点无聊的吵闹声，多一分清静。

3分钟自我调节

1. 想与人争辩时，忍下第一句话不发，然后置之不理。
2. 做一些自己感兴趣的事情，转移即将用于争辩的注意力。
3. 不动嘴，只把牢骚写在纸上，过后丢到废纸篓里。

用豁达来征服内心的坏脾气

30秒自我定位

下面哪一种行为是你最无法容忍的?

A. 他人对你的嘲笑

B. 他人对你的猜忌

C. 他人对你的刁难

很多人认为脾气好的人不会被任何事情激怒。其实，这是一个认识误区。大家通常说某个人脾气好，并不是指该人“没脾气”，而是说他的修养好，不乱发火，遇到激烈冲突时也能保持情绪平静。

其实，脾气再好的人，也并不是从来没有负面情绪，只是善于克制与调节而已。需要注意的是，“克制”与“调节”是两种不同的情绪管理。

“克制”是一种比较刚硬的手段，换个表达方式就是“压抑”。强压怒火，强压悲愤，强压不安，强压烦闷，负面情绪并没有消失，只是被强大的精神力给暂时抑制住了。俗话说：“忍字头上一把刀。”这种以克制来避免坏脾气的办法，会让当事人发自内心地感到不舒服、不痛快。此法不伤人，但是太伤己，是一种消极的情绪管理办法。当然，克制是必要的治标之法。不懂得克制的人，通常都喜欢乱拿人撒气。克制，常常是管理好负面情绪的第一步。

第二步就是“调节”。“调节”与“克制”不同，靠的不是意志力的强硬打压，而是走以柔克刚路线，卸掉负面情绪带来的压力。

实际上，善于调节情绪的人，其脾气比善于克制的人更好。因为，后者只是暂时冻结了负面情绪，并没有将其真正化解。当有一天他们忍无可忍的时候，此前累积的负面情绪就会爆发，释放出比一般的坏脾气者更强的动能。前者则是把坏脾气的源头——负面情绪从根本上化解掉了。既然已经釜底抽薪，又怎么可能冲人乱发火呢？

那么，怎样才能变成善于调节情绪的人呢？办法千万种，心法只一门——保持豁达的生活态度。

豁达就是心底无私天地宽，就是宰相肚里能撑船，就是“不以物喜，不以已悲”，就是把每一天都当成良辰吉日。遇到不顺的事情时，也不为此感到难过或焦虑，而是相信只要继续坚持下去就能“船到桥头自然直”。豁达的人把心思都放在正事和大事上，并不在意一时的小恩怨。他们面对旁人的责难与嘲讽时，不会气急败坏地反唇相讥，也不会沉着脸暗暗怄气，而是以或风趣或高明的言行来转换尴尬的氛围。

晋朝士子赵景真出身卑微，在士族主导的社会环境中备受歧视。但他刻苦学习，积极上进，从十四岁开始就追随名士嵇康。当时士族喜欢品评人物，许多人都是凭借名士的评语改变前途的。赵景真的想法也是如此。

终于有一天，时任中散大夫的嵇康点评赵景真说：“你的眼珠黑白分明，有秦国武安君白起之风，可惜眼睛太狭窄了些。”

据史料记载，秦国名将白起的样貌是“小头而面锐，瞳子白黑分明，视瞻不转”，意思是白起的脑袋不大且脸尖，眼珠黑白分明，看东西目不转睛。赵国平原君精通相面之术，他解释说“瞳子白黑分明者，见事明也”，意思是眼珠黑白分明的人看问题很透彻。嵇康对赵景真的点评，也是这个意思。但赵景真的眼睛较为狭窄，嵇康认为这说明此人的度量不够大。

赵景真的回答颇为有趣。他说："表尺的长度不过咫尺，却可以审度浑天仪的度数；竹管的长度不过一寸，却可以测量出音阶的高低。何必苛求度量大不大呢？只需要看学问见解如何就足够了。"

从这番话来看，赵景真的确思虑明彻，见识不凡。若是换作一个脾气不好的人，说不定会忽略嵇康的表扬，只盯着他对自己的批评。赵景真并不否定嵇康的评语，却以生动的比喻来突出自己的长处。这种不卑不亢的态度，反而显得他具备豁达的心态。

魏国名将邓艾有口吃的毛病。古人说话喜欢自称名字。邓艾因结巴而常把"艾"说成"艾艾"，引来旁人发笑。司马昭曾经戏谑："你说'艾艾'，到底是几个艾呢？"邓艾说："古人说'凤兮凤兮'，其实就是一只凤。"

邓艾的回答非常有水平。"凤兮凤兮"出自《论语·微子》中"凤兮凤兮，何德之衰"的歌谣。楚国狂人接舆用凤凰来比喻孔子。这里的"凤兮凤兮"是采用了叠加的修辞手法，而不是真的有两只凤凰。邓艾用这个比喻来说明"艾艾"其实也是一个"艾"。这个解释既回答了对方的笑问，又体现出自己的学识，可谓最巧妙的回答。

有的人把豁达片面地理解为不计较、不在意。其实从上述两个案例中可以看出，光是不计较和不在意，还算不上是豁达的最高境界。尽管你没有受他人的言语影响而充满了负面情绪，但你也没有像赵景真与邓艾那样，用高论反过来折服对方。与被动的"不受影响"相比，显然是主动的"施加影响"要更高一个层次。

从某种意义上讲，豁达的人生观不仅仅是教大家心胸宽广，更是在引导我们努力掌握人生的主动权。

凭借豁达构筑的心理防线的保护，他人的闲言碎语与冒犯行为无法动摇我们的情绪与目标。这就等于是避免了情绪失控的隐患，让自己立于不败之地，在任何情况下都能冷静沉着地处理问题。守住心神，即掌握了自己内心的主动权。

与此同时，豁达的态度让我们的心胸能装下更多东西，看到更广阔的世界。当一个人眼界开阔、心志高远时，胸怀就会变得越来越宽广，如同容纳百川的大海，如同承载万物的厚土。当你以豁达为风帆时，人生旅途就会变得更加轻快，不再为鸡毛蒜皮的小事感到不堪重负，不再为一时一地的得失而内心纠结。

三国名士庞统是南郡人。他听说水镜先生司马徽住在颍川，就特意驱车两千里路前往求教。然而，他一见到司马徽时，敬仰之情顿时熄灭。原来，司马徽正在采桑叶。

在庞统看来，这是农妇才会做的事情。他在车里对司马徽很不客气地说："我听说大丈夫应该当高官、做大事，怎么能委屈自己大江大河般的气量，去做蚕妇的琐事呢？"

司马徽回答道："您只知道走小路的速度快，却不考虑容易迷失方向的隐患。伯成宁可回乡务农，也不羡慕诸侯的尊荣；原宪甘愿在破屋安军，也不肯换官吏的宅院。谁说只有入则住豪宅，出则驾肥马，身边带着数十个婢女，才是与众不同的名士风流呢？这就是古之贤者许由、巢父、伯夷、叔齐长叹的原因。就算爵位高如秦相吕不韦，财富可与齐景公比肩，也是不足为贵的。"

庞统听了司马徽引经据典的回答后非常惭愧。他赞叹道："我生长在偏远之地，没听过什么大道理。倘若不亲自叩击一下大钟与雷鼓，就不知道它们的声音有多么洪亮啊！"

坏脾气者往往见事不明，容易想不开，让自己陷入负面情绪不断累积的恶性循环中。尤其是气量狭小的人，见不得别人比自己强，比自己好。一面拿怨毒折磨自己，一面让自己陷入蜗角之争中。输了，自然是火冒三丈，气急败坏；就算赢了，得意不了多久，心情又会变糟。说到底，他们败给了自己的阴暗情绪，丧失了人生的主动权。

豁达之人心胸宽广，善于调节情绪。他们不会产生嫉贤妒能的小心眼，但也不会沦为任人欺侮的“软柿子”。他们能站在一个更高的层次来看待世界和对待生活，故而能避免斤斤计较，用充满正能量的心态来生活。

他们从来不怕别人比自己强。因为在他们眼中，“三人行，必有我师焉”。别人的长处越多，意味着自己可以学习到的东西越多。此外，豁达之人的合作意识往往更好，也更善于处理人际关系。狭隘之人发现优秀之人时，会懊恼自己多了一个潜在的对手；豁达之人却认为自己又多了一个潜在的合作对象。倘若自己与对方是竞争关系，至少会让你感到人生没那么无聊。倘若能达成合作关系，共创大业这种充满理想主义色彩的活法会让豁达之人把日子过得更加快乐。

3分钟自我调节

1. 当你遇到刁难时，学会巧妙地用自己的能力、见识折服对方。
2. 当你遇到嘲讽时，试着用一些名人典故来辩解，而不是怒而开骂。
3. 当你遭到猜忌时，不要对世道人心感到沮丧，应该保持良好的心态，等待误会冰释的那一天。

一时得失别太斤斤计较

30秒自我定位

你为什么要计较“一时得失”？

A. 因为自己为此付出的心血太多

B. 因为这关系到自己的面子问题

C. 因为这不是“一时得失”

遇到第一种情况时，再豁达的人也难免火大。每个人都会下意识计算自己的付出与回报。付出多而回报少的时候，情绪不好是很正常的现象。不过，精神强大的人会很快把心理阴影面积缩小，从糟糕的情绪中走出来，重整旗鼓，继续奋斗。

第二个理由同样是人之常情。趋利避害是众生本能，谁不想多一分收获少一分损失？尤其在竞争激烈的今天，利益损失意味着被别人比下去。在竞争中落败，面子受损，心情自然好不起来。

至于最后一种情况，没什么可说的。关键问题必须据理力争，该计较的不能装大度。但话说回来，除了这种情况外，其他时候的“一时得失”真不需要计较太多。因为，无论你多么计较，过去的事情也不会重来，而未来的事情还需要你去努力把握。把精力过多地放在过去，有可能错过眼前与未来的机会。所以，古人把不计较一日长短看作是深谋远虑的表现，将此等作风视为一种智慧与美德。

然而，当一件事能上升到智慧与美德的层次时，足以说明许多普通人都很难做到这个地步。

一句“来日方长”，说得轻松，做起来沉重。尽管大家都知道路还长呢，谁也不确定今日的损失是否会有未来的辉煌来弥补。于是，人们更倾向于关注能看到、能摸到的东西，很少能为长远利益做出暂时的牺牲或忍下一时的失落与懊恼。

喜欢下棋的朋友可能听说过“舍小就大”或“丢卒保车”之类的棋诀。这两个成语都是告诫世人要以大局利益为重，不能因小失大。

如果棋手在局部攻防中纠缠过多，就可能忽略大局变化。就算能在局部占得便宜，也可能落入对手的圈套中，最终导致满盘皆输。棋盘是向观众开放的，旁观者可以把全局形势演变尽收眼底，大致判断出什么是“大”，什么是“小”。可是，现实生活远比棋盘复杂得多。许多因素就像还没摆上盘面的棋子，在事情发生之前，你可能根本无法确知其影响如何，更难以预料此刻做出的选择是否真正做到了“舍小就大”。

所以，为了确保手中握住更多的实际利益，大家往往会本能地在意眼前的得失，很难把心思放在变化莫测的未来上。也正因为如此，一时得失很容易让我们出现情绪波动。当一个人怨愤难消时，不仅脾气会变坏，目光也会变得比平时更短浅。这就是过分计较一时得失的隐患。

汉安帝年间，羌胡部族叛乱，经常进攻并州与凉州。大将军邓骘此前被羌胡击败过，又有谒者庞参建议把边郡的贫苦百姓迁徙到关中三辅地区定居，于是邓骘决定放弃凉州，集中力量对付并州的胡人。他对群臣打比方说，这就像有两件衣服，坏了一件就补另一件，还能保证一件衣服完好，否则两件衣服都不会完好。

大部分朝臣赞同邓骘放弃凉州的意见，但郎中虞诩坚决不同意。虞诩对太尉张禹分析道："我听说同僚们想放弃凉州，这恐怕不是妥善之举。先帝用血汗开辟的领土，现在朝廷怕费事就舍弃它。如果凉州丢了，三辅地区就由腹地变成了边塞，大汉帝王的园陵就在边界外面了。这是肯定不行的。俗话说'关西出相，关东出将'。凉州民风比其他州郡更加骁勇尚武。羌胡之所以不敢入寇三辅，就是因为凉州在其身后，堪称羌胡人的心腹之患。凉州百姓拿起武器保家卫国义无反顾，是因为凉州一直是大汉的疆土啊！倘若舍弃凉州，迁徙百姓，凉州士民肯定安于故土，不愿东迁。到时候会引发变故。假如凉州豪杰被逼反了，趁势东来，朝廷就算以大力士孟贲、夏育为士兵，以姜太公为统帅，恐怕都无法抵御。想舍弃凉州的人还拿补衣来打比方。我看这就像生疽的烂肉，越烂越宽。"

太尉张禹恍然大悟，说："我还没考虑到这点。若不是你，差点坏了国家大事。既然这样，那么你有何良策？"

虞诩说："如今凉州民心惶惶，可能会突然生变。我认为应该让四府九卿征召数名凉州贤人，再授予凉州州牧、各郡郡守、各县县令的子弟散官职位。明为奖励功勋，实为加以监视，以免他们作乱。"张禹表示赞同，采纳了虞诩的建议，稳住了凉州的局势。

在这个案例中，虞诩考虑问题比其他大臣更透彻。大将军邓骘只看到羌胡一时气盛，难以迅速平定，从而想出这种主动放弃领土的昏招。虞诩则敏锐地指出了凉州作为汉朝西北防务前哨的重要性。假如放弃凉州，关中三辅地区都会失去屏障，整个西部关陇将陷入更大的混乱当中。

通常而言，一时得失带来的影响很直观，更容易触动人们的神经。一时顺利可以让人忘乎所以，一时失意可能让人悲观泄气。假如你太在乎眼前的话，就可能像上述案例中的东汉群臣那样顾头不顾尾。

虞诩不仅有出色的战略眼光，还有着不计个人得失的大格局。他因谏阻弃凉州一事被邓骘兄弟嫉恨，后被朝廷外放到朝歌县做县长。

当时的朝歌县治安情况十分糟糕，有宁季等数千人为盗作乱。他们杀死不少官吏，而州郡官府多年来没能成功镇压。所以，当朝廷任命虞诩为朝歌县长时，他的老友们都觉得虞诩很倒霉，恐怕一世英名都要败坏在那里。虞诩却笑着说："志不求易，事不避难，我的职责所在。不遇盘根错节，哪能体现出利器的锋锐呢？"

他刚到任时，去拜见河内太守马棱。马棱问道："你是饱学的儒者，本该在朝中谋划大事，为何要来朝歌这个小地方呢？"

虞诩说："接受任命那天，不少士大夫都来慰问勉励我。但在我看来，叛贼是不会有大作为的。"

他分析了局势之后，就去朝歌县设置三科以募求壮士，要求掾史以下的吏员都推荐自己认识的有罪之人。在招募了一百余人后，虞诩设宴款待，特赦其罪，并让他们潜伏在盗军之中。这些罪者混入盗军之后，引诱他们出来抢劫，将其带入了伏击圈，虞诩率县卒斩杀了数百名贼人。他又让擅长缝纫的平民在为盗贼缝纫衣物时悄悄将红线缝在衣襟上，当盗贼们上街时总是被官兵逮捕。于是群盗以为官府有神灵相助，纷纷逃散。虞诩漂亮地解决了困扰州郡多年的朝歌治安问题。

在当时的士大夫看来，调任虞诩去动荡不安的朝歌县做县长，无异于给他穿小鞋。如果换作其他人的话，可能郁郁寡欢、暴躁易怒，对自己的前途顿感绝望。

假如虞诩计较个人得失，肯定无法完成整顿治安的任务，甚至可能变得自暴自弃。然而，当大家为他的遭遇而感到情绪不好时，他自己反而表现得很宽心、很乐观。这固然是因为虞诩有智谋，有胆识，想得深，看得远，但也和他广阔的胸怀及高远的志向是分不开的。人如果有大格局与开阔的视野，就不会被一时得失蒙蔽心智。心底无私天地宽，又怎么会被暂时的困难打趴呢？

所以说，只要不是关乎全局胜负与未来命运的大麻烦，我们都应该学会放宽心，无须过多计较。这样才能不被坏情绪填充心胸，用坏脾气自我折磨。正如电影《太极张三丰》里那句台词——放下包袱，奔向新生命。毕竟，把握未来的命运，永远比为眼前琐事纠结更为重要。

3分钟自我调节

1. 碰上不顺之事时，静下来想想这点损失真的很严重吗？
2. 急于挽回失败造成的面子问题前，查找“沉没成本”的含义来告诫自己。
3. 不要为已经损失的东西继续投入心血，包括懊恼。
4. 把注意力转向今后的事，忘掉已经定格的过去。

乐观的人才能坚持到云开雾散

30秒自我定位

当某件事前途未卜时，你会怎样选择？

A. 知难而退，放弃既定目标

B. 相信一定能成功，坚持到底

C. 看看再说，可能会放弃，也可能会坚持

世界上门槛最低的事情，莫过于当个事后诸葛亮。而在顺逆难料的事面前，大部分人都很难不出现迟疑与悲观的情绪。有些人可以凭借乐观的心态咬牙坚持，最终等到转机的出现；而另一些人看问题太悲观，心情差，脾气坏，最后免不了要走向失败。

东晋孝武帝时，晋朝派大将桓冲驻镇荆州。荆州是控制长江中下游的重镇，集结了东晋众多兵马，以抵御前秦军的南侵。桓冲上任后看到前秦气势汹汹，便向朝廷申请把驻军从江北的江陵调往江南的上明重新布防。这个建议被批准了。

第二年，前秦军队大举南侵，鲁阳、南乡、南阳等城池先后沦陷。分兵略地的前秦军各部又重新会合，围攻梁州刺史朱序镇守的襄阳。

襄阳是荆州重镇，南北交通要冲。一旦失陷，对东晋的整条防线影响

很大。当时桓冲在上明握有七万驻军，完全有能力增援朱序。奈何他畏敌如虎，不敢亲自带兵出战，而他派出的部将和他一样畏惧不前。结果导致襄阳沦陷，梁州刺史被敌军俘虏。

桓冲倒是主动承担责任，上书引咎辞职。但朝廷没有批准，而是增派人手协助他谋划军事。在接下来的几年中，桓冲数次击退来犯的前秦军，还曾领兵十万从上明北伐，试图收复襄阳。

这次北伐并不成功。前秦骁将慕容垂让士兵每人带着十个火把连夜行军，虚张声势。果然，桓冲误以为前秦兵多，再加上自己军中有疫病，于是撤退了。桓冲后来请任江州刺史。没多久，前秦天王苻坚出动百万大军南下灭晋，拉开了淝水之战的序幕。

眼见前秦大军倾巢而出，桓冲急忙派出三千精兵前往东晋首都建康，以加强战力。但执政大臣谢安却认为，建康的兵马就算再增加三千也照样远远少于敌军，还不如以悠闲从容的姿态稳定朝野人心。桓冲对此很看不惯，斥责谢安"大敌垂至，方游谈不暇"，又认为谢玄等新锐将领是"不经事少年"。他预言这场关乎东晋命运的战争肯定要失败。

然而，桓冲错判了四件事：

第一，谢安表面上悠闲从容，但已经做出了周密的部署。他这样公开表示出对战胜劲敌的乐观态度，确实让东晋军民的信心大大增强。

第二，谢玄的军事才能远非桓冲评价的那样不堪。恰恰相反，他智勇双全，是当时东晋最善战的将领之一。谢玄在两军主力决战之前，就派五千精兵为先锋，击败了前秦军的先头部队，大涨己方士气，给前秦军留下了心理阴影。

第三，桓冲万万没有想到，手握重兵的苻坚居然会对晋军北府兵严整的阵容产生莫名其妙的畏惧感，甚至把晋军驻扎的八公山上的草木都看成了晋军的伏兵，以为对方的兵力比自己的还雄厚。

第四，桓冲与苻坚都没料到，此前因战败被俘的梁州刺史朱序已经悄悄与谢玄暗中联系。朱序在淝水之战那天故意在前秦军后阵大喊“秦军失败了”，导致人心惶惶的前秦军不战自溃，互相踩踏，尸体甚至把淝水堵塞得一度断流。

东晋名臣谢安、谢玄凭借淝水之战扬名于天下。而桓冲在战前表现出浓厚的悲观情绪，还扬言东晋要灭亡。被现实“打脸”后，畏敌如虎的桓冲感到非常惭愧，特别是当初因为自己不敢增援而兵败被俘的朱序回归东晋一事，让他更感到无地自容。没多久，年事已高的桓冲在羞愤交加中病逝。

就实而论，桓冲对东晋的前途感到悲观也是可以理解的。晋军在淝水之战中只凑出了八万精兵，也就比桓冲之前在上明驻扎的总兵力多一万而已。前秦军虽然是战斗力参差不齐的各族联军，但数量毕竟是号称百万，虽然实际上只有几十万，但也远远多于晋军。也只有谢安这种心理素质超常稳定的奇人能沉得住气，哪怕在捷报传来后还在客人面前保持着淡定姿态。更多人其实和桓冲一样非常悲观。

但话说回来，假如人人都像桓冲这样，东晋朝野就会完全丧失斗志，干脆投降了事，又怎么能像实战中那样最大限度利用前秦军的破绽，打出个以少胜多的翻身仗呢？

乐观的生活态度不仅有助于我们更好地做事，也利于避免受坏情绪的影响。

无论是哪种坏情绪，归根结底都是人心对外在压力的折射。正因为无法克服或承受这种压力，人们才会出现恼羞成怒、惶恐不安、郁郁寡欢、悲痛不能自拔等坏情绪。坏情绪迟迟无法排解，就会让我们的脾气越来越糟糕，通过各种失控的言行举止来宣泄心中的重压。

日本传奇销售员原一平在入职明治保险公司后，整整七个月没有拉到一单业务。要知道，他此前还因为不堪面试考官的歧视而放出了“每月推销10000元”的“狂言”。假如换成是普通人，要么放弃这份工作另谋出路，要么不堪重压而变得歇斯底里。原一平到底是个奇才，就算天天中午不吃饭，晚上睡公园长凳，也每天用热情的微笑对待他人。结果这种超乎常人的乐观情绪，让原一平获得了意外的转机。

在屡战屡败的情况下保持乐观是件极为困难的事，甚至有不少人连小挫折都难以承受。

有位叫神田三郎的青年去日本著名的松下公司应聘。这次招聘竞争十分激烈，只在几百人里挑十个人。他在几百人中的综合成绩排第二，但计算机系统出了故障，把他的排名降到了十人名单之外。其实，这个错误已经被公司纠正了。因为社长松下幸之助对神田三郎的面试印象深刻，发现他没进十人名单时感到诧异，下令复查。遗憾的是，颇有才华的神田三郎因为没有接到松下公司的录取通知书就跳楼自尽了。

比起原一平的遭遇，神田三郎的挫折可以说微不足道。但前者以微笑和热情苦熬了七个月，终于等到了胜利的曙光；后者既没有百折不挠的顽强意志，也没有付之一笑的豁达心胸，亲手断送了自己在未来的无限可能。

命运的复杂多变，往往在我们的一念之差。世事难料，谁也不知道明天会更好还是更坏。谁也不知道此时此刻的决定，会带来“芝麻开花——节节高”的成功，还是会让情况变得更糟。

事前决断永远存在风险，任何事在最终成功之前总少不了波折。这种外在的压力会平等地施加给每一个人，但不同的是：乐观的人能以积极的情绪来平衡这股压力，从而保持好情绪、好心情以及好脾气；悲观的人则会被这股压力所主宰，任由坏情绪、坏心情吞没自己。

当然，乐观精神虽是好东西，却也遵循着“过犹不及”的定律。盲目乐观者看似浑身散发着正能量，但他们的乐观就像泡沫一样脆弱。

前面提到的淝水之战的战败者苻坚，就是一个很经典的反面素材。在他南下灭晋之前，许多人都表示过反对意见，但苻坚根本听不进去。他对战事非常乐观，甚至说士兵们把马鞭投入水中就能让黄河断流。盲目乐观的心态蒙蔽了他的双眼，让他对前秦军的种种隐患视而不见，而这点恰恰被假投降的东晋梁州刺史朱序看在眼中。更糟糕的是，由于前锋被谢玄的北府兵击败，苻坚又马上从盲目乐观转为了过度忧惧。两种极端情绪使得他完全失去了应有的理智。

盲目乐观者不把困难放在眼里，只是因为低估了它们的负面影响。当这种人真正直接感受到压力时，反而会因不堪重负而沦为彻底的悲观主义者。也就是说，他们更容易在受挫后养成令人惊诧的坏脾气。

乐观的人才能坚持到云消雾散，用好情绪支撑自己渡过难关，用好脾气帮助自己化解负面情绪。此外，这种乐观应该是以正确的自我认知为前提。唯有如此，才能提高自己的抗压能力与问题解决能力，以游刃有余、淡定自若的积极姿态过好每一天。

3分钟自我调节

1. 改变消极的思维方式，告诉自己只要往积极的方向努力，就能有更多收获。
2. 回想曾经的成功，仔细品味一下当时有多么喜悦。
3. 在心情好的时候自拍，选出你最灿烂的笑脸，对着镜子反复练习。
4. 沮丧之时，想想那些反败为胜的人，然后自我鼓劲。
5. 想想今天有什么让你开心的事，有什么新收获，记录下来，以便看清自己的成长历程。

后记
POSTSCRIPT

世界上最悲哀的事情莫过于，大道理都明白，小情绪难克服。

容易情绪失控无疑是一个很大的缺点，因为这不仅会让你无法冷静地做好该做的事，也会导致周围的人与你的关系变得愈加紧张。所以，许多脾气不太好的朋友，都想提高自己的情绪管理能力，最好能变成人见人爱、车见车载的弥勒佛。不生气，笑眯眯，三千烦恼全拔去，生活处处游刃有余。只是很可惜，芸芸众生往往缺乏彻底的觉悟与圆满的智慧，既难以克服身边的外来阻力，又无从控制心中的负面情绪。

谁不想天天乐呵呵的，不发哪怕一丝脾气？但人生里的烦恼多得可以数到手抽筋。烦恼来了，心情自然不能好。心情不爽了，脾气就见长。归根结底，坏脾气就是被精神压力逼出来的。不过话说回来，坏脾气也是被我们不成熟的思想言行给惯出来的。

遇事能多一点换位思考，你就不会只看到自己不顺而给无辜的他人制造麻烦。当你冲别人大发脾气时，说不定人家其实已经尽了最大的努力。易地而处，你未必能做到这个程度，又有什么资格乱发火呢？

遇事能多一点长远眼光，你就不会为鸡毛蒜皮的事情斤斤计较，并因此把自己的心情与脾气都弄坏了。有大格局的人常有大气量，心中装着美好的未来，珍惜眼下的旅程，哪还有多余的力气去向众人展示自己的火暴性子呢？

遇事能多一点平常心，你就不会因为自卑、恐惧、自责、焦虑、忧郁、悲伤、愤怒而气急败坏了。世上没有完美无缺的圣人，只有正视自己优缺点并扬长避短的平凡人。善待自己，永远是你经营人生的落脚点。把有限的生命浪费在气急败坏上，就偏离了生活的根本。

遇事能多一点积极精神，你就不会用消极的眼光把多彩的世界变成乏味的灰暗色调了。我们得到好消息时会兴高采烈，碰上坏消息时会怨恨难平。这本来很正常，但坏脾气者总是对好消息视而不见，只盯着那些令人不快的坏消息。如此多的负能量日积月累，想让一个人不被重压搞得情绪失控、心烦意乱，岂不是太强人所难了吗？

正因为许多人平时没有做好这几个方面，才会渐渐丧失那颗平和宽厚的心，逐步变为一触即跳的坏脾气者。他们会慨叹生活有太多苦恼，在情绪失控的路上越跑越远。就算意识到自己在不知不觉中脾气坏得不成样子，也失去了纠正自己的勇气。

苦恼固然是生活的一部分，快乐也同样是生活的一部分。放任自己脾气变坏，其实恰恰说明我们不够成熟，不能用更积极坚强的态度来应对生活中的麻烦。

也许，此时此刻的你还没得到自己理想中的幸福生活，还需要废寝忘食、呕心沥血地奋斗。可是，这绝不是你延续坏脾气的借口。恰恰是因为人生还需努力，才需要不断提高情绪管理能力，才需要修炼出人人敬佩的好脾气。坏脾气能降低你的IQ和EQ，好脾气则能使之提高。而智情双商的提高，正是让我们离成功更进一步的关键。

小情绪中的大道理不必赘言，何去何从只在你我一闪念之间。尽管养成好脾气需要经过一个辛苦的过程，但是，这样一本万利的事情，何乐而不为呢？